Auf der Suche nach der Urkraft

CH. SPIERING

2. Auflage

Mit 32 Abbildungen

BSB B. G. Teubner Verlagsgesellschaft
Leipzig 1989

Kleine Naturwissenschaftliche Bibliothek · Band 61
ISSN 0232-346X

Autor:
Dr. rer. nat. Christian Spiering
Akademie der Wissenschaften der DDR
Institut für Hochenergiephysik, Zeuthen

Spiering, Christian:
Auf der Suche nach der Urkraft/Ch. Spiering. –
2. Aufl. – Leipzig: BSB Teubner, 1989. –
132 S. : 32 Abb., 4 Tab.
(Kleine Naturwissenschaftliche Bibliothek; 61)
NE: GT

ISBN-13: 978-3-322-00315-7 e-ISBN-13: 978-3-322-86648-6
DOI: 10.1007/978-3-322-86648-6

2. Auflage
VLN 294-375/99/89 · LSV 1179
Lektor: Dipl.-Met. Christine Dietrich

Gesamtherstellung: INTERDRUCK Graphischer Großbetrieb Leipzig,
Betrieb der ausgezeichneten Qualitätsarbeit, III/18/97
Bestell-Nr. 666 320 5
00760

Inhalt

1. Einführung

Einer der grundlegenden und ältesten Gedanken in der Geschichte der Physik besteht in der Vermutung, daß die unübersehbare Vielfalt der physikalischen Erscheinungen letzten Endes auf einige wenige Grundbausteine und Kräfte reduziert werden könne. Heute bildet diese Annahme die Motivation für einen Zweig der Physik, der als „Elementarteilchenphysik" bezeichnet wird.

Der Laie denkt bei diesem Stichwort im allgemeinen nur an den ersten Aspekt der genannten Idee: an die Reduktion der Materieformen auf immer weniger und immer kleinere *Grundbausteine*. Er erinnert sich, daß alle natürlich vorkommenden chemischen Verbindungen auf kaum 100 chemische Elemente zurückzuführen sind, deren kleinste Einheiten die Atome sind. Die Atome sind durchaus nicht unteilbar und strukturlos, sondern setzen sich aus Kern und Hüllenelektronen zusammen. Der Kern seinerseits ist aus noch kleineren Bausteinen gefügt, aus Protonen und Neutronen.

Elektronen, Protonen und Neutronen sind die geläufigsten Vertreter der Gruppe der Elementarteilchen. Die Elementarteilchen tragen ihren Namen nicht ganz zu recht. Seit etwa zwei Jahrzehnten weiß man nämlich, daß die meisten von ihnen aus *noch* kleineren Objekten, den sog. *Quarks*, aufgebaut sind. Mit den Quarks ist allerdings die vorerst tiefste Strukturschicht der Materie erreicht. Auch an den größten Beschleunigeranlagen, den „Mikroskopen" der Elementarteilchenphysik, stellen sich die Quarks bis heute als punktförmige Teilchen dar, ohne innere Struktur und räumliche Ausdehnung.

Ebenso wichtig wie die Reduktion der unzähligen Erscheinungsformen der Materie auf wenige elementare Objekte ist der zweite Aspekt des anfangs erwähnten Gedankens: die Erklärung aller bekannten Wechselwirkungen aus einigen wenigen *Grundkräften*. Die Elementarteilchenphysiker sind nämlich nicht nur einfach in immer kleinere Raumbereiche vorgestoßen. Hand in Hand mit der Erforschung der Teilchen ging die Untersuchung der Kräfte, mit denen sie aufeinander wirken.

Eine Theorie der Elementarteilchen muß selbstverständlich auch diese Kräfte beschreiben. Dabei wäre allerdings nichts gewon-

nen, wenn man die Liste der fundamentalen Teilchen vereinfachte, dadurch aber die Anzahl der die Kräfte beherrschenden Gesetze erhöhte. Im Gegenteil – ein geschlossenes Bild der Mikrowelt darf man wohl nur von einer Theorie erwarten, die mit wenigen Basisgesetzen *alle* Kräfte beschreibt, denen Elementarteilchen unterworfen sind. Die Beschreibung in einem gemeinsamen Rahmen bedeutet aber, die bis jetzt als unabhängig angenommenen Kräfte auf *ein* gemeinsames Prinzip zurückzuführen: auf eine „Urkraft".
Diesem Ziel scheint man seit dem Ende der sechziger Jahre erheblich näher gekommen zu sein. Die Antwort auf die Frage „was die Welt im Innersten zusammenhält", auf die Frage nach dem eigentlichen Charakter und dem inneren Zusammenhang der verschiedenen Kräfte also, beginnt sich immer deutlicher abzuzeichnen. Aus einer verwirrenden Fülle von Daten, Teilchen und Kräften schält sich im Rahmen der sog. *Vereinheitlichenden Theorien* der Elementarteilchen eine durch wenige klare Prinzipien bestimmte Beschreibung der Mikrowelt heraus. Das physikalische Weltbild könnte in den nächsten Jahren eine zumindest vorläufige Abrundung „nach unten" erfahren.
Das ist eine faszinierende Perspektive. Doch damit nicht genug! Der Schlüssel zur Mikrowelt erweist sich als ein Schlüssel zum Universum. Unversehens hat sich ein großer Bogen von der Elementarteilchenphysik zur Kosmologie, der Lehre vom Aufbau und von der Entwicklung des Weltalls, gespannt. Seit Beginn der achtziger Jahre kann man mit Hilfe der Vereinheitlichenden Theorien erklären, was sich in den ersten Sekundenbruchteilen nach dem Urknall, mit dem vor etwa 20 Milliarden Jahren die Geschichte des heutigen Universums begann, abgespielt haben könnte. Auch auf die Frage, wie sich die Welt weiterentwickeln wird, hält die Elementarteilchenphysik Antworten bereit. Wird das Weltall auf ewig weiterexpandieren, oder wird es irgendwann in diesem Prozeß innehalten, um sich dann wieder zusammenzuziehen? Gibt es ein wie immer geartetes „Ende" des Universums? Es fehlt weder an ernstzunehmenden Hypothesen zu diesen Problemen noch an Experimenten, mit denen ihre Richtigkeit überprüft werden soll.
Die Vereinigung aller Kräfte in einer umfassenden Theorie und der Schritt vom „ganz Kleinen" zum „ganz Großen", von der Elementarteilchenphysik zum Kosmos als Ganzem, gehören sicherlich zu den fesselndsten Entwicklungen in der Geschichte der Wissenschaft. Am Anfang dieses Weges steht der Kraftbegriff der klassischen Physik. Nachdem wir uns in den Kap. 3 bis 5 mit

den sog. Fundamentalkräften (Gravitationskraft, elektromagnetische Kraft, starke und schwache Kernkraft) vertraut gemacht und im Kap. 6 einige Grundvorstellungen der Quantenmechanik kennengelernt haben, begeben wir uns auf die Reise in die Welt der Elementarteilchen und Quarks. Wir werden uns die Frage nach dem Mechanismus der Kraftübertragung (auf die wir in den ersten Kapiteln eine Antwort im Rahmen der klassischen Physik erhalten haben) noch einmal stellen und lernen, wie Kräfte durch den Austausch von speziellen „Mittlerteilchen" zu beschreiben sind. Den Vereinheitlichenden Theorien und den gigantischen Experimenten, mit denen ihre Richtigkeit überprüft wird, sind die Kap. 15 bis 18 gewidmet. Im Mittelpunkt der darauf folgenden drei Kapitel stehen die kosmologischen Konsequenzen der Elementarteilchenphysik.
Damit ist dann die Brücke vom Mikrokosmos zum Makrokosmos geschlagen. Angesichts ihrer gewaltigen Spannweite und angesichts der Winzigkeit unserer menschlichen Maßstäbe im Vergleich dazu empfindet man einen Anflug von Unwirklichkeit. Ist das alles wirklich „wahr"? Wissen wir eigentlich, wovon wir sprechen? Kann nicht die greifbar nahe liegende Geschlossenheit des physikalischen Weltbildes ein Trugbild sein? Diese und ähnliche Fragen soll das abschließende Kapitel behandeln.

2. Was ist das – Kraft?

Im Alltagsverständnis verbindet man mit dem Begriff Kraft zuallererst die Muskelkraft. Für alle Handlungen, mit denen man auf die Umwelt einwirkt, benötigt man sie – ob man unter vollem Einsatz des Bizeps ein Gewicht hebt oder ob man mit dem Zeigefinger eine Schreibmaschinentaste herunterdrückt.
Unsere bewußten Handlungen sind im allgemeinen mit einem Willensakt, mit einer Absicht verbunden. Eben dieser Umstand war es, der die Gelehrten der Antike und des Mittelalters den Kraftbegriff als etwas sehen ließ, das sich nicht allein mit dürren Formeln beschreiben lassen könne. Es mußte, so meinten sie, etwas Tieferes, eine Absicht, ein Streben hinter den durch Kräfte

verursachten Bewegungen stecken. Im Falle der Schwerkraft etwa vermutete man als Triebkraft das Streben, sich mit der Erde zu vereinigen.

Obwohl die damaligen Vorstellungen über das, was eigentlich Kraft ist, vom heutigen Standpunkt als nebulös und mystisch erscheinen, beherrschte man ein Teilgebiet der Kraftlehre, die Statik, schon recht gut. Die Statik ist die Lehre vom Gleichgewicht der Kräfte, und ohne ihre Kenntnis wären solche Wunderwerke der Baukunst wie etwa die gotischen Kathedralen nicht zu errichten gewesen.

Was aber, wenn das Gleichgewicht gestört ist, wenn also alle Kräfte zusammengenommen sich nicht zu Null addieren? Was, wenn sich ein Körper unter der Wirkung einer Kraft *bewegt?* Wie fällt ein Stein? Wie schwingt ein Pendel? Nach welchen Gesetzen kreisen die Planeten?

Auf diese Fragen gab im 17. Jahrhundert der Engländer Isaac Newton eine Antwort. Der von ihm geschaffenen „klassischen" Mechanik liegen die drei berühmten Newtonschen Axiome zugrunde:

1. Jeder Körper beharrt im Zustand der Ruhe oder der gleichförmigen Bewegung, wenn er nicht durch Kräfte gezwungen wird, diesen zu ändern.
2. Die Kraft ist proportional der Beschleunigung, die sie einem Körper verleiht. Der Proportionalitätsfaktor ist die Masse des Körpers: $K = m b$.
3. Die Kräfte, die zwei Körper aufeinander ausüben, sind gleich, aber entgegengesetzt gerichtet.

Das erste Axiom lehrt uns, daß nicht die Bewegung als solche einer Krafteinwirkung bedarf, sondern die *Änderung des Bewegungszustandes*. Das war bis zur Zeit Galileo Galileis (1564–1642), dessen Trägheitsprinzip mit dem ersten Newtonschen Axiom im wesentlichen identisch ist, durchaus nicht selbstverständlich. Ein bewegter Körper, auf den keine Kraft mehr wirkt, muß – so war die vorherrschende Meinung – unweigerlich zum Stillstand kommen, da ihm ein innerer Antrieb, ein „Impetus", fehle.

Das zweite Axiom liefert uns eine *quantitative Verknüpfung* zwischen der Kraft einerseits und der Änderung des Bewegungszustandes, der Beschleunigung, andererseits.

Das dritte Axiom (wie auch das Gravitationsgesetz, von dem gleich noch die Rede sein wird) betont, daß es die gegenseitige Beeinflussung der Körper, die *Wechselwirkung*, ist, die zu einer Bewegungsänderung führt.

Das quantitative Maß der Wechselwirkung, und das mag als Antwort der Newtonschen Mechanik auf die in der Kapitelüberschrift gestellte Frage gelten, heißt Kraft. Allerdings – die Antwort der klassischen Mechanik ist noch nicht die ganze Antwort. Überschreitet man nämlich die Grenzen dieses Teilgebietes der Physik und versucht, die Newtonschen Gesetze auf, sagen wir, die Wärmelehre anzuwenden, so trifft man auf unüberwindliche Schwierigkeiten. Wie will man z. B. das Verhalten der Wassermoleküle in einem mit Wasser gefüllten Glas bestimmen? Für Millionen von Molekülen müßte man zuerst Lage und Geschwindigkeit zu irgendeinem „Anfangs"-Zeitpunkt bestimmen und dann die Bewegungsgleichungen lösen. Dabei ist zu beachten, daß jedes dieser unzähligen Teilchen der gleichzeitigen Einwirkung von sehr vielen mehr oder weniger benachbarten Molekülen unterliegt. Diese Aufgabe ist praktisch nicht zu bewältigen.

Noch klarer treten die Grenzen der klassischen Mechanik zutage, wenn man atomare und subatomare Systeme betrachtet. Im Bereich der Mikrowelt ist die Newtonsche Mechanik nicht einfach nur unpraktisch, sondern sie läßt sich *prinzipiell* nicht mehr anwenden. Natürlich wirken auch hier Kräfte, und man kann sie auch berechnen. Nur hat man sich dabei des mathematischen Apparates der Quantenmechanik zu bedienen, der auf einer völlig anderen Begriffswelt und auf einem gänzlich anderen Formalismus als die Physik Newtons aufbaut (siehe Kap. 6).

In der Mikrophysik spricht man sehr häufig von Kräften – von den starken Kernkräften, die den Atomkern zusammenhalten, von den elektromagnetischen Kräften, die die Elektronen um den Kern kreisen lassen usw. Hier hat, im Gegensatz zum Sprachgebrauch der klassischen Physik, das Wort eine doppelte Bedeutung. Einmal bezeichnet es – wie gewohnt – das quantitative Maß für die Stärke der Wechselwirkung. Häufig steht aber nicht die genaue Größe, sondern vielmehr die *Natur* der Wechselwirkung im Vordergrund. Nicht allein um das „Wieviel" geht es dann, sondern vor allem um das „Wie".

Eben dieses „*Wie*", die Frage, auf welche Weise Kräfte übertragen werden, als Folge welcher physikalischen Prozesse diese oder jene Art von Wechselwirkung auftritt, steht im Mittelpunkt dieses Büchleins. Die Newtonsche Mechanik kann darauf keine Antwort geben. Zur Berechnung der Bewegungsbahnen von Körpern reicht es dort völlig aus, den Betrag und die Richtung der Kraft exakt zu kennen. Newton war sich wohl bewußt, daß das einerseits ein Vorzug ist, daß aber andererseits das eigentliche Wesen der Dinge von seiner Lehre nicht erklärt wird. „Ich komme mir vor wie ein Junge, der am Strand spielt und ab und zu einen Stein oder eine Muschel findet, die schöner als die gewöhnlichen sind, während der große Ozean der Wahrheit unentdeckt vor mir liegt", schreibt er in seinem grundlegenden Werk, den „Mathematischen Prinzipien der Naturphilosophie".

3. Gravitation

Es waren in der Tat ungewöhnlich schöne und große Steine, die Newton „am Rande des Ozeans der Wahrheit" fand. Der größte und schönste ist wohl die Vereinigung der Himmelsmechanik und der Erdmechanik im Rahmen der Newtonschen Physik. Die Himmelsmechanik hatte ihren vorläufigen Höhepunkt in den Keplerschen Gesetzen der Planetenbewegung gefunden, während die wesentlichen Vorarbeiten zur Erdmechanik von Galilei (Trägheitsgesetz, Fallgesetze) geleistet worden waren. Aber noch fehlte die Synthese. Diese nahm Newton, ausgehend von den drei erwähnten Axiomen, mit atemberaubender Folgerichtigkeit vor.
Was geschieht, so fragte er, wenn ein Stein zu Boden fällt? Sicherlich veranlaßt ihn kein irgendwie geartetes mystisches Streben, sondern eine *Kraft*, sich beschleunigt in Richtung der Erdoberfläche zu bewegen. Nach dem 2. Newtonschen Axiom ist diese Kraft proportional der Masse des Steins. Das 3. Axiom besagt zudem, daß nicht nur die Erde mit dieser Kraft auf den Stein, sondern der Stein mit der gleichen, aber entgegengesetzt gerichteten Kraft auch auf die Erde wirkt. Mit dem gleichen Recht, mit dem ich sage, die Erde zieht den Stein an, kann ich also sagen, der Stein zieht die Erde an. Auch in dieser Betrachtungsweise muß natürlich das 2. Axiom ($K = m b$) gelten. Nur ist mit K jetzt die Anziehungskraft des Steins auf die Erde gemeint. Daher ist für m die Erdmasse und für b die winzige Beschleunigung, die der Stein der Erde verleiht, einzusetzen.
Die Anziehungskraft zwischen Erde und Stein ist demnach proportional sowohl der Steinmasse als auch der Erdmasse: $K \sim m_{\text{Stein}} m_{\text{Erde}}$. Die Erde ist im Grunde nichts anderes als ein

Abb. 1. Himmels- und Erdmechanik werden von den gleichen Gesetzen beherrscht. Durch Erhöhung der Geschwindigkeit, mit der ein Körper geworfen wird, gelangt man von der irdischen Wurfparabel zur Bahn eines Erdtrabanten (nach einer Zeichnung von Newton)

großer Stein. Wenn sich dieser große Stein und ein normaler Stein anziehen, dann sollten sich auch zwei normale Steine untereinander anziehen. Allgemein müssen sich zwei beliebige Körper mit einer Kraft anziehen, die dem Produkt ihrer Massen proportional ist.

Weiter: Zwischen einem fallenden Stein und einem um die Erde kreisenden Stein besteht nur ein gradueller Unterschied (Abb. 1). Der Mond ist ein solcher Stein. Newton berechnete aus der Umlaufbahn des Mondes die Beschleunigung, die dieser durch die Erdanziehung erhält, und verglich sie mit der Schwerebeschleunigung an der Erdoberfläche. Er fand, daß die Beschleunigung auf der Mondbahn sich zu jener an der Erdoberfläche genauso verhält wie das Quadrat des Radius der Mondbahn zum Quadrat des Erdradius. Die Schwerebeschleunigung der Erde nimmt also mit dem Quadrat der Entfernung ab.

Wie die Abhängigkeit der Kraft von den Massen ($K \sim m_1 m_2$), sollte auch ihre Entfernungsabhängigkeit für zwei *beliebige* Körper gelten. Damit hatte Newton das Gravitationsgesetz gefunden:

$$K = G\frac{m_1 m_2}{r^2}. \qquad (1)$$

Hierin ist K die Schwerkraft oder *Gravitationskraft,* wie sie von nun an genannt werden soll. m_1 und m_2 sind die Massen der betrachteten Körper, und r ist ihr Abstand. G ist die Gravitationskonstante. Sie hat den Wert $6{,}67 \cdot 10^{-11}\ \mathrm{m^3/(kg \cdot s^2)}$.
Die Gravitationskraft ist erstens eine *universelle* Kraft. Alle Körper unterliegen ihr.
Sie ist zweitens eine *äußerst schwache* Kraft. Die Kraft, mit der sich z. B. zwei Menschen bei einem Abstand von 1 m gegenseitig anziehen, beträgt noch nicht einmal ein Millionstel Newton. Merkbar werden die Gravitationskräfte erst, wenn einer (oder beide) der beteiligten Körper ein Himmelskörper mit der entsprechenden riesigen Masse ist. So ziehen Erde und Sonne einander mit einer Kraft von etwa $2 \cdot 10^{20}$ N an.
Drittens ist die Gravitationskraft von *unendlicher Reichweite.* Zwar fällt sie umgekehrt proportional dem Entfernungsquadrat ab, bei entsprechender Vergrößerung der beteiligten Massen kann aber dieser Effekt kompensiert werden. Darum kreist nicht nur die Erde um die Sonne, sondern die Sonne rotiert ihrerseits um das viele Lichtjahre entfernte Zentrum unserer Galaxis, und das vermöge der Schwerkraft, die zwischen der Sonne und dem inneren Gebiet der Galaxis mit seinen rund 10^{11} Sonnenmassen wirkt.

4. Die erste Vereinigung: Elektrizität + Magnetismus = Elektromagnetismus

Neben der Schwerkraft gibt es eine weitere Kraft, die jedem von uns vertraut ist: die elektrische Kraft. Im Gegensatz zur Schwerkraft (die immer anziehend wirkt) kann sie sowohl anziehend als auch abstoßend wirken. Zwei elektrisch geladene Körper ziehen einander an, wenn ihre Ladungen ungleichnamig sind, d. h., wenn die eine positiv, die andere negativ ist. Sind dagegen *beide* Ladungen positiv oder *beide* negativ, so stoßen sich die Körper ab. Die Kraft, mit der die Ladungen Q_1 und Q_2 aus einer Entfernung r einander beeinflussen, ist durch das Coulombsche Gesetz gegeben:

$$K = \frac{1}{4\pi\varepsilon_0} \frac{Q_1 Q_2}{r^2}. \quad (2)$$

Ein Vergleich der Formeln (1) und (2) zeigt, daß die Ausdrücke für Gravitationskraft und elektrische Kraft sich äußerst ähnlich sind: Beide Kräfte fallen mit dem Quadrat der Entfernung ab. Beide Kräfte sind proportional dem Produkt zweier „Ladungen". Im Falle der Schwerkraft bezeichnen wir die entsprechende Ladung als *Masse* (wir könnten genausogut „Gravitationsladung" sagen), im Falle der elektrischen Kraft als *elektrische Ladung*.
Daß die elektrische Kraft sowohl anziehend als auch abstoßend sein kann, hat seinen Grund im Vorhandensein verschiedener Ladungszustände, positiver und negativer. Anders ist es bei der Gravitation. Deren „Ladung", die Masse, ist stets positiv. Daher sollte man erwarten, daß die entsprechende Kraft auch stets vom gleichen Typ ist, also entweder immer abstoßend oder immer anziehend. Zum Glück ist das letztere der Fall; wäre es anders, so gäbe es keine Sonne, keine Erde und natürlich auch keine Menschen, die, mit den Beinen nach unten, auf dieser Erde leben.
Ein anderer wesentlicher Unterschied zwischen den beiden Kräften ist ihre Stärke. Als Beispiel wollen wir das Wasserstoffatom betrachten. In diesem Atom kreist ein elektrisch negatives Elektron um ein elektrisch positives Proton. Neben der elektrischen Kraft, die das Elektron auf einer stationären Bahn hält, besteht auch eine Massenanziehung zwischen Proton und Elektron. Setzt man in die Formeln (1) und (2) die Zahlenwerte für die Teilchenmassen und -ladungen ein, so findet man, daß die elektrische Anziehung das $2{,}3 \cdot 10^{39}$fache der Massenanziehung beträgt!
Daß die elektrische Kraft für die Anziehung von Himmelskörpern keine Rolle im Vergleich zu der um so vieles schwächeren Gravitationskraft spielt, hängt damit zusammen, daß sich die elektrischen Ladungen im allgemeinen schon auf der Ebene von Atomen und Molekülen gegenseitig binden, d. h., sich nach außen hin neutralisieren. Darum sind die meisten makroskopischen Objekte und insbesondere die Himmelskörper (fast) neutral und wechselwirken nur über die Gravitationskraft.
Eine weitere Kraft, von der jeder, der einmal einen Kompaß benutzt hat, eine gewisse Vorstellung hat, ist die Magnetkraft.
Zu Beginn des 19. Jahrhunderts dachte niemand daran, daß zwischen elektrischen und magnetischen Kräften ein Zusammenhang bestehen könne. Erst im Jahre 1820 entdeckte der Däne

Hans Christian Oersted, daß eine Kompaßnadel neben einem stromdurchflossenen Draht ausschlägt. Strom, d. h. bewegte Ladungen, rufen offenbar ein Magnetfeld hervor! Und auch der umgekehrte Effekt wurde nachgewiesen. Elf Jahre später, 1831, fand der englische Physiker Michael Faraday, daß man elektrische Ströme erzeugen kann, indem man in der Nähe eines elektrischen Leiters einen Magneten hin und her bewegt.

Damit war klar, daß die Phänomene Elektrizität und Magnetismus nicht unabhängig voneinander betrachtet werden konnten. Schon Oersted führte den Begriff „Elektromagnetismus" ein, doch erst 1864 gelang es dem Engländer James Clerk Maxwell, eine in sich geschlossene Theorie zu formulieren, die Elektrizität und Magnetismus gleichermaßen beschrieb.

Der zentrale Begriff der Maxwellschen Theorie ist der des *Feldes*. Zu dieser für die moderne Physik so grundlegenden Idee müssen an dieser Stelle einige erklärende Worte gesagt werden. Der Feldbegriff wurde von Faraday in die Physik eingeführt. Wie, so fragte sich Faraday, wird denn eigentlich die Kraft von einer positiven zu einer negativen Ladung übertragen? Wirkt sie augenblicklich und ohne jedes Übertragungsmittel, sozusagen durch den leeren Raum hindurch auf den (beliebig weit entfernten) anderen Körper? Oder gibt es irgendeinen verborgenen Mechanismus, einen Mittler, etwas, das den Raum zwischen den Körpern ausfüllt und die Kraftwirkung von einem Punkt zum anderen leitet?

Zweihundert Jahre lang, seit Newton, hatten die meisten Physiker die erste Frage bedingungslos mit Ja und die zweite mit Nein beantwortet. Die Newtonsche Mechanik konnte einerseits ohne die Einführung eines kraftübertragenden Mediums formuliert werden, andererseits war sie aber nicht in der Lage, eine über sich selbst hinausweisende Aussage über den Mechanismus der Kraftübertragung zu machen. Kräfte waren für Newton *Fernwirkungskräfte*.

Diese Vorstellung war für Faraday unbefriedigend. Unsichtbare Anziehung und Abstoßung, ohne Mittler mit unendlicher Geschwindigkeit im Raume wirkend – das hat zweifellos einen Beigeschmack von Okkultismus, das ist unerklärlich! Es muß etwas geben, so überlegte Faraday, das zwei elektrisch geladene Körper miteinander verbindet. Eine Idee von diesem „Etwas" liefert das Muster, das man erhält, wenn man dielektrische Kristalle auf der Oberfläche einer zähen Flüssigkeit schwimmen läßt und dann einen positiv geladenen und einen negativ geladenen Stab in die Flüssigkeit taucht (Abb. 2a). Die Kristalle ordnen sich ket-

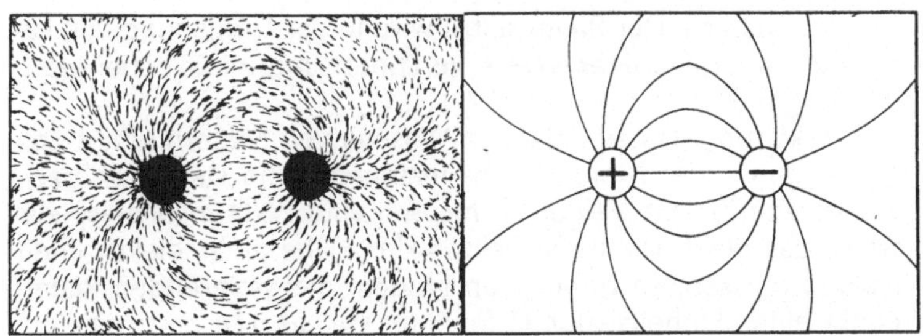

Abb. 2. Das elektrische Feld zwischen zwei entgegengesetzt geladenen Kugeln. Links: kettenförmige Anordnung von auf zähem Öl schwimmenden Reiskörnern, rechts: entsprechendes Kraftlinienfeld zwischen den Kugeln

tenförmig an, sie bilden Linien, die von einer Ladung zur anderen zeigen. Diese Erscheinung führte Faraday zu der Vorstellung des elektromagnetischen Feldes. Er dachte sich den Raum zwischen den Körpern ausgefüllt mit *Feldlinien* (Abb. 2b). Die Feldlinien geben die Intensität und Richtung der an dem jeweiligen Raumpunkt wirkenden Kraft an.

Was aber ist das eigentlich, ein Feld?

Faraday und Maxwell gaben dafür eine mechanische Erklärung. Sie vermuteten, daß der gesamte Raum mit einem besonderen, alles durchdringenden Stoff ausgefüllt sei, dem *Äther*. Felder und Kräfte würden durch mechanische Deformation des Äthers hervorgerufen.

Die Ätherhypothese hat sich inzwischen als unhaltbar erwiesen, und so bleibt die Frage bestehen: Was ist ein Feld?

Die Antwort läßt sich auch heute nicht einfach geben. Felder (zumindest statische, d. h. zeitlich unveränderliche Felder) sind keine sinnlich wahrnehmbaren Objekte, man kann sie nicht sehen, riechen, hören oder schmecken. Man kann sie auch nicht auf einfachere, noch fundamentalere Begriffe zurückführen, etwa indem man sagt: „Felder bestehen aus dem und dem ...". Das letztere Verfahren wendet man z. B. an, wenn man erklärt, was ein Atom ist. Atome sind ebenfalls nicht direkt wahrnehmbar, aber wenn man sagt: „Atome bestehen aus einem Kern, um den in einigem Abstand Elektronen kreisen", dann vermittelt diese Erklärung dem Zuhörer zumindest den Eindruck, nun zu wissen, wovon die Rede ist.

Für Felder ist diese Methode nicht brauchbar. Der Feldbegriff ist selbst ein fundamentaler Begriff. Am ehesten könnte man auf die Frage, was ein Feld sei, wohl antworten: Felder sind Eigenschaften des Raumes. Der Raum selbst wird in der Umgebung von Ladungen in eigenartiger Weise verändert und wirkt dabei kraftübertragend.[1]

Eine Erklärung des eigentlichen Wesens von Feldern bleibt notgedrungen vage. Nicht so ihre mathematische Definition bzw. die Vorschrift, wie Felder zu messen sind. Will man beispielsweise das elektrostatische Feld in der Nähe einer elektrischen Ladung messen, so bringt man an den interessierenden Raumpunkt eine „Einheitsladung" (nennen wir sie Q_1) und mißt die Kraft K, die auf diese Ladung ausgeübt wird. Dann ergibt sich das elektrische Feld E zu $E = K/Q_1$.

Der Feldbegriff ermöglichte eine mathematisch exakte Beschreibung der elektromagnetischen Phänomene im Rahmen der Maxwellschen Theorie. Die Grundpfeiler dieses in seiner Bedeutung damals nur mit den Newtonschen Bewegungsgesetzen vergleichbaren Gedankengebäudes sind die Maxwellschen Gleichungen. Die erste Gleichung sagt aus: Jedes sich zeitlich verändernde elektrische Feld erzeugt ringförmige, in sich geschlossene magnetische Feldlinien (Abb. 3 links). Umgekehrt – und das

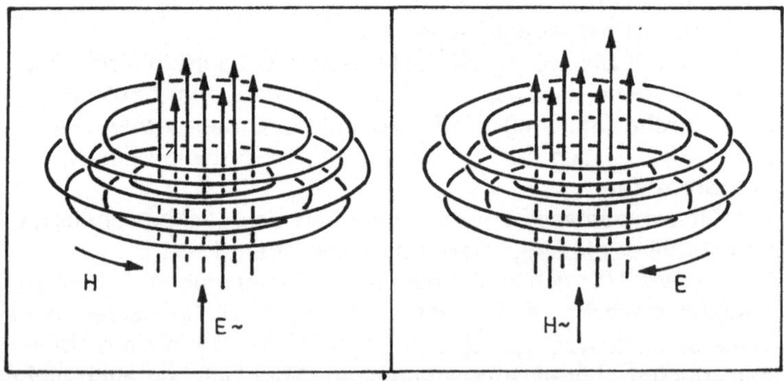

Abb. 3. Links: Das von einem sich ändernden elektrischen Feld $E\sim$ erzeugte magnetische Ringfeld H. Rechts: Das von einem sich ändernden magnetischen Feld $H\sim$ erzeugte elektrische Ringfeld E

[1] Es muß betont werden, daß diese Auffassung des Feldes *mathematisch* nur in einer einzigen Feldtheorie verwirklicht ist, und zwar in der Einsteinschen Theorie der Schwerkraft, der Allgemeinen Relativitätstheorie. Gravitationsfelder sind dort darstellbar als geometrische Eigenschaften der Raum-Zeit. Alle anderen Feldtheorien beschreiben bis heute Felder als Größen, die sich zwar räumlich und zeitlich verändern können, nicht aber mit der Struktur von Raum und Zeit verknüpft sind. Eine originelle Ausformung erhält der Feldbegriff im Rahmen der modernen Quantenfeldtheorien (Kap. 10ff.).

ist der Inhalt der zweiten Maxwellschen Gleichung – erzeugt jedes sich zeitlich verändernde magnetische Feld ringförmige, in sich geschlossene elektrische Feldlinien (Abb. 3 rechts).
Die Maxwellschen Gleichungen verknüpfen in mathematisch eleganter Form und unter Verallgemeinerung der von Oersted und Faraday gefundenen Gesetze elektrische und magnetische Kräfte miteinander. Die beiden Kräfte sind in Maxwells Formulierung *vereinigt*, als zwei Seiten ein und derselben Sache enthüllt.
Eine zentrale Aussage von Maxwells Theorie besteht in der Vorhersage *elektromagnetischer Wellen*. Deren Entdeckung gelang im Jahre 1888 Heinrich Hertz. Er benutzte dazu einen Metallstab mit 2 Kugeln an den Enden. Mit Hilfe eines Sendeapparates, dessen Details hier nicht weiter interessieren sollen, erzeugte er darin einen Wechselstrom äußerst hoher Frequenz. Abb. 4 zeigt, wie sich elektrisches und magnetisches Feld in der Umgebung eines solchen Hertzschen Dipols entwickeln. Die elektrischen Feldlinien, die sich im Moment wachsender Spannung zwischen den Kugeln in den Raum hinein ausbreiten, kehren bei abnehmender Spannung nicht zurück, sondern werden abgeschnürt. Das entstandene elektrische Wirbelfeld mit den charakteristi-

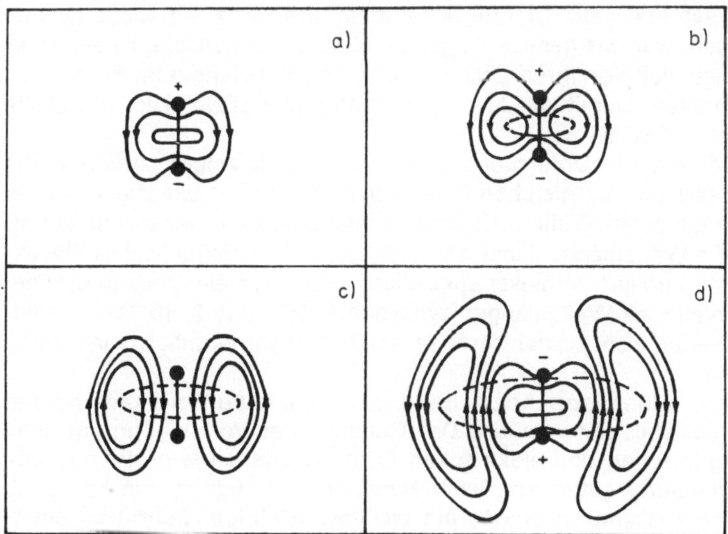

Abb. 4. Entstehung einer elektromagnetischen Welle in der Umgebung eines Hertzschen Dipols. — elektrische Feldlinien; --- magnetische Feldlinien

schen nierenförmigen Kraftlinien entfernt sich vom Dipol. In der folgenden Schwingungsphase quellen wieder, nun aber in umgekehrter Richtung, Kraftlinien aus dem Dipol. Gemäß dem ersten Maxwellschen Gesetz erzeugt das veränderliche elektrische Feld ringförmige magnetische Kraftlinien. Die so miteinander gekoppelten Felder pflanzen sich als elektromagnetische Welle mit Lichtgeschwindigkeit im Raume fort. Mit einer geeigneten Meßempfangsapparatur konnte Hertz sie nachweisen.

Die Hertzschen Untersuchungen müssen zu den grundlegendsten Experimenten in der Geschichte der Physik gerechnet werden. Zum einen konnte Hertz zeigen, daß Felder reale physikalische Objekte sind. Die oben angeführte Meßvorschrift für ein statisches elektrisches Feld etwa ($E = F/Q_1$) hätte ja auch folgende Interpretation erlaubt: Felder sind nur Hilfskonstruktionen; in Wahrheit existieren lediglich Kräfte – und die treten nur auf, wenn *mehrere* Ladungen vorhanden sind. Im genannten Fall wären das eine Ladung Q, die das zu vermessende Feld erzeugt, und eine kleine Probeladung Q_1. Würde man Q_1 entfernen, dann könnten in der Nähe von Q auch keine Kräfte registriert werden, und demnach wäre eine isolierte Ladung von keinem Feld umgeben. Von Ladungen losgelöste Felder dürfte es in dieser Lesart erst recht nicht geben.

Was Maxwells Theorie behauptete und Hertz' Versuche bewiesen, war das genaue Gegenteil. Elektromagnetische Felder können sich von ihren Quellen lösen und selbständig im Raum ausbreiten. Damit war klar: Dem Kraftmittler „Feld" kam physikalische Realität zu!

In weiteren Untersuchungen konnte Hertz zeigen, daß sichtbares Licht die gleichen Eigenschaften aufweist wie die von ihm entdeckten Wellen. Es unterscheidet sich von ihnen nur durch die Wellenlänge. Licht war damit als elektromagnetisches Phänomen erklärt. In dieser speziellen Form – als elektromagnetische Welle mit Wellenlängen zwischen $4 \cdot 10^{-5}$ und $8 \cdot 10^{-5}$ cm – sind Felder also ausnahmsweise sinnlich wahrnehmbar: man *sieht* sie.

Mit seinem entscheidenden Experiment hatte Hertz die Theorie Maxwells untermauert. Der Gedanke der Vereinigung von magnetischen und elektrischen Kräften hatte seine großartige Bestätigung gefunden. Nach Newtons Vereinigung von Erd- und Himmelsmechanik war ein weiterer wichtiger Schritt zu einer einheitlichen Naturbeschreibung getan.

5. Die starke und die schwache Kraft

Bis ins zweite Viertel unseres Jahrhunderts hinein schien es, als hätte es die Natur bei den behandelten Wechselwirkungsarten – Gravitation und Elektromagnetismus – bewenden lassen. Alle makroskopischen Vorgänge können auf das Zusammenwirken dieser beiden Kräfte zurückgeführt werden.

Nehmen wir ein Beispiel: Ich halte einen Stein in meiner Hand. Der Stein unterliegt dem Einfluß der Schwerkraft. Trotzdem fällt er nicht nach unten, sondern liegt auf der Handfläche. Was hindert ihn zu fallen? – „Die Hand", wird man entgegnen. „Die Hand ist für den Stein undurchdringlich, darum fällt er nicht!" Aber warum ist die Hand „undurchdringlich?"

Die Antwort ist nicht schwer – vorausgesetzt, man weiß, was ein Atom ist: ein positiv geladener Kern, um den negativ geladene Elektronen kreisen. Wie alle Körper, so sind auch Hand und Stein aus Atomen gebildet. Wenn nun der Stein auf der Hand liegt, berühren seine äußeren Atome jene von Handfläche und Fingern. Dabei kommen sich die Atomhüllen so nahe, daß die elektrische Abstoßung zwischen den Elektronen ein weiteres Hinuntersinken des Steines verhindert. „Undurchdringlichkeit" ist also – wie alle biologischen und chemischen Eigenschaften – auf die elektromagnetische Kraft zurückzuführen.

Damit meine Hand unter dem Gewicht des Steins nicht nach unten sinkt, muß ich dem Gewicht mit einer gleich großen Kraft entgegenwirken – mit meiner Muskelkraft. Muskelspannung wird durch biochemische Vorgänge erzeugt. Damit ist auch diese Seite unseres Beispiels auf die elektromagnetische Wechselwirkung reduziert.

Nun werfe ich den Stein fort. Unter der Wirkung der Schwerkraft bewegt er sich auf einer parabelförmigen Flugbahn. Diesen Vorgang kann ich mit Hilfe meines Gesichtssinnes verfolgen: ich *sehe* ihn. Sehen heißt Verarbeitung von Information, die von Lichtwellen übermittelt wird. Lichtwellen aber sind nichts weiter als elektromagnetische Wellen in einem ganz bestimmten Frequenzbereich ...

Man könnte den Handlungsfaden beliebig fortspinnen – es würde immer auf dasselbe hinauslaufen: Elektromagnetismus und Gravitation! Alles, was wir tun, alle unsere Sinneswahrneh-

mungen, alle Vorgänge der Alltagswelt sind mit diesen beiden Wechselwirkungsarten zu erklären.
Auch die Atome – wir erwähnten es schon – verdanken ihre Struktur der elektromagnetischen Kraft. Sie ist es, die die Elektronen auf ihre Bahnen um den Kern zwingt. Der Atomkern seinerseits ist ebenfalls strukturiert. Er besteht aus noch elementareren Objekten, aus den elektrisch positiv geladenen Protonen und den Neutronen, die keine elektrische Ladung tragen.
Welche Kraft ist für den Zusammenschluß dieser Teilchen zu Atomkernen verantwortlich? Kann es wieder die elektromagnetische sein? Offensichtlich nicht, denn da die elektrisch geladenen Teilchen im Kern allesamt positiv sind, müssen die resultierenden elektrischen Kräfte abstoßender Natur sein. Wäre die Welt nur von Schwerkraft und elektromagnetischer Kraft beherrscht, dann hätten sich also niemals Atomkerne formen können.
Zweifellos *gibt* es aber Atomkerne. Also muß eine anziehende Kraft existieren, die zwischen den Kernteilchen wirkt und die stärker ist als die elektromagnetische Abstoßung. Die besagte Kraft darf nur eine sehr kleine Reichweite haben. Hätte sie nämlich – wie Gravitation und Elektromagnetismus – eine unendliche Reichweite, dann würden sich nicht nur Teilchen innerhalb *eines* Kerns, sondern auch solche von ganz verschiedenen Kernen anziehen. Die Kerne würden ineinanderstürzen, und niemals hätten sich die auf der elektromagnetischen Wechselwirkung basierenden chemischen und biologischen Strukturen herausbilden können, denen letztlich auch wir unsere Existenz verdanken.
Für die den Atomkern zusammenhaltende Kraft hat sich die Bezeichnung starke Kernkraft oder, kurz, *starke Kraft* eingebürgert. In den dreißiger Jahren zur Erklärung des Kernaufbaus eingeführt, wurde sie seitdem immer genauer erforscht. Es zeigte sich, daß die Reichweite der starken Kraft kaum mehr als 10^{-13} cm beträgt; das ist eine Länge von der Größenordnung der Kerndurchmesser. Bei größeren Abständen verschwindet die starke Wechselwirkung, und zwar nicht allmählich, sondern sehr abrupt (Abb. 5). In dem für sie typischen Raumbereich ist sie allerdings von enormer Stärke. Sie übertrifft die elektromagnetische Kraft um etwa das Hundertfache.
Die starke Kraft ist nicht die einzige Wechselwirkung begrenzter Reichweite. Ihr zur Seite tritt die *schwache Kraft*, deren Aktionsradius noch beträchtlich unter dem Durchmesser eines Atomkerns liegt (siehe Abb. 5). Auch in bezug auf die Stärke rangiert

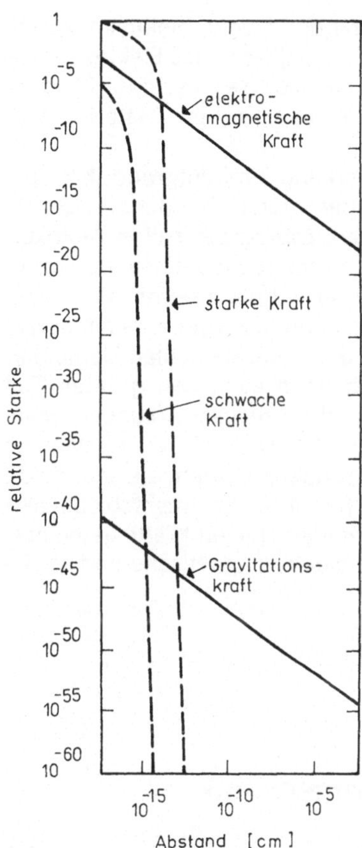

Abb. 5. Die Abhängigkeit der relativen Stärke der vier Fundamentalkräfte von der Entfernung zwischen den beteiligten Objekten. Man beachte den Maßstab der Achsen! Dem quadratischen Abfall von elektromagnetischer und Gravitationskraft mit der Entfernung entsprechen in dieser Darstellung Geraden der gezeigten Neigung

sie weit hinter elektromagnetischer und starker Kraft. Die schwache Kraft ist für eine Reihe grundlegender subatomarer Prozesse verantwortlich. Dazu gehören der radioaktive β-Zerfall (siehe Kap. 7) und die Kernumwandlungsprozesse in der Sonne.

Das Zusammenspiel der vorgestellten vier Fundamentalkräfte – Gravitation, Elektromagnetismus, schwache und starke Wechselwirkung – liegt dem Lauf des gesamten Universums zugrunde. Es gibt kein Geschehen, das nicht damit erklärbar wäre, angefangen von den Prozessen der Mikrophysik bis hin zu den Bewegungen von Sternen und Galaxien.

Die Kräfte unterscheiden sich erheblich in ihrer Stärke. Da aber nur zwei von ihnen langreichweitig sind, nämlich Gravitation und Elektromagnetismus, wird das Rennen über größere Entfer-

nungen zwischen ihnen ausgetragen. Sieger bleibt im kosmischen Maßstab die Gravitation, da die Effekte des Elektromagnetismus gewöhnlich örtlich durch die gegenseitige Bindung ungleichnamiger Ladungen aufgehoben werden: Materie ist im Mittel elektrisch neutral.
Schwache und starke Wechselwirkung sind aufgrund ihrer geringen Reichweite auf Prozesse beschränkt, bei denen sich die beteiligten Objekte sehr nahe sind. Das ist der Fall in Atomkernen, wo Protonen und Neutronen regelrecht aufeinandersitzen. Eine andere Möglichkeit, die Körper auf die gewünschte „Tuchfühlung" zu bringen, ist, sie mit hoher Energie aufeinanderzuschießen. Dieses Verfahren liegt der experimentellen Elementarteilchenphysik zugrunde. Sie hat denn auch den größten Teil der Daten über starke und schwache Wechselwirkungen geliefert und zu einem grundlegenden Durchbruch im Verständnis des Kraftbegriffs geführt. Insbesondere deuten die laufenden Untersuchungen an, daß ungeachtet ihres so unterschiedlichen Charakters mindestens drei der fundamentalen Kräfte gemeinsamen Ursprungs sind: schwache, elektromagnetische und starke Kraft.

6. Die Welt der Quantenmechanik

Um den Denkansätzen der Elementarteilchenphysik folgen zu können, ist es unerläßlich, sich mit einigen grundlegenden Prinzipien der Mikrophysik bekannt zu machen. Mit Mikrophysik meinen wir jenes Teilgebiet der Physik, das die Wechselwirkungen von Körpern über sehr kurze Entfernungen, über atomare oder subatomare Distanzen umfaßt. Die Theorie, die die Gesetzmäßigkeiten dieses so gänzlich außerhalb unserer Alltagserfahrung liegenden Bereiches umfaßt, heißt *Quantentheorie* oder *Quantenmechanik*.
Anders als die Grundzüge der Newtonschen Mechanik erscheinen die Prinzipien der Quantenmechanik dem „gesunden Menschenverstand" widersprüchlich und bizarr. Der bekannteste

dieser paradoxen Grundgedanken ist der – zumindestens als Schlagwort – weithin geläufige Welle-Teilchen-Dualismus.

Der Welle-Teilchen-Dualismus

Im Jahre 1900 untersuchte Max Planck das Spektrum der von erwärmten Körpern ausgesandten elektromagnetischen Wellen. Die experimentellen Befunde sperrten sich einer Erklärung im Rahmen der klassischen Physik. Nach vielen vergeblichen Ansätzen fand Planck, daß die Schwierigkeiten beseitigt werden können, wenn man annimmt, daß die Atome des erwärmten Körpers die Strahlungsenergie in einzelnen „Portionen" abgeben. Er nannte diese Energieportionen *Quanten*. Die Energie der Strahlungsquanten wird durch die Frequenz ν der emittierten Strahlung bestimmt und berechnet sich zu $E = h \cdot \nu$.
Die Konstante h wird als *Plancksches Wirkungsquantum* bezeichnet und hat den unvorstellbar kleinen Wert von $h = 6{,}626 \cdot 10^{-34}\,\mathrm{kg \cdot m^2/s}$.
Fünf Jahre später zeigte Albert Einstein, daß nicht nur die Emission, sondern auch die Absorption des Lichtes in Portionen erfolgt. Weit radikaler in seinen Schlußfolgerungen als der eher konservative Planck, nahm Einstein diese Tatsache zum Anlaß, eine *Korpuskulartheorie* des Lichtes vorzulegen. Der Quantencharakter trifft demzufolge nicht nur auf Emission und Absorption von Licht zu, sondern *elektromagnetische Strahlung selbst ist von quantenhafter Natur*. Einstein nannte die Lichtkörperchen *Photonen*.
Auf der anderen Seite hatte sich Licht in allen bis dahin angestellten Versuchen als *Welle* offenbart; man denke an Interferenz, Beugung und Polarisation des Lichtes! Kaum ein halbes Jahrhundert war vergangen, seit es Maxwell in so großartiger Weise gelungen war, Licht als elektromagnetische Welle zu beschreiben! So entstand, mit einem Schlag, vor der im Geiste der klassischen Physik geschulten Physikerwelt ein Widerspruch, der im Rahmen der Alltagsvorstellungen unlösbar bleiben mußte. Welle oder Teilchen – eines geht nur, sagt der gesunde Hausverstand.
Noch unglaublicher wurde das Bild, als sich herausstellte, daß nicht nur das Licht Korpuskulareigenschaften, sondern auch bis dahin eindeutig als Teilchen bezeichnete Objekte Welleneigenschaften besitzen. Ein junger Franzose, Louis de Broglie, hatte 1924 den Gedanken, den Dualismus Welle–Teilchen, der sich

für das Licht herausgeschält hatte, auch auf die normale Materie auszudehnen. Elektronen, bis dahin als irgend etwas in der Art kleiner Kügelchen gedacht, sollten sich demzufolge unter geeigneten Bedingungen auch wellenhaft verhalten können.
Daß diese Hypothese zutrifft, konnte drei Jahre später experimentell belegt werden. Zwei amerikanische Physiker lenkten einen Strahl beschleunigter Elektronen gegen einen Kristall und beobachteten dabei ein Beugungsmuster, das dem von gebeugten Röntgenstrahlen (d. h. von elektromagnetischen Wellen) aufs Haar glich. Die Wellenlänge λ dieser „Teilchenwellen" ergab sich zu

$$\lambda = \frac{h}{mv}. \qquad (3)$$

h ist wieder das Plancksche Wirkungsquantum, m und v sind Masse bzw. Geschwindigkeit des betrachteten Teilchens. Je schneller und massiver das Teilchen, desto kürzer also seine Wellenlänge.
Damit war das Welle-Teilchen-Dilemma, dem man sich vordem „nur" beim Licht gegenübergesehen hatte, auf die gesamte Materie ausgedehnt. Zwei Bilder standen, scheinbar unvereinbar, nebeneinander: das Wellenbild und das Teilchenbild. Ist eines von beiden falsch? Oder gibt es einen Kompromiß zwischen ihnen?

Vorstellungsvermögen und Modelle

Die Ursache dafür, daß wir Wellen- und Teilchenaspekt als Widerspruch empfinden, liegt in dem überzogenen Anspruch, mit unserem Vorstellungsvermögen in beliebige, von unseren alltäglichen durch viele Zehnerpotenzen getrennte Dimensionen vorstoßen zu können.
In Wirklichkeit können wir uns nur Dinge, Sachverhalte, Wirkungsmechanismen vorstellen, denen wir in direkter oder abgewandelter Form im Alltagsleben begegnen. Die Grenzen unserer Vorstellungswelt sind wahrscheinlich biologisch vorgeprägt: Im Verlauf der Evolution hat sich über Jahrmillionen hinweg niemals die Notwendigkeit ergeben, Arten zu selektieren, die dem genannten Anspruch genügen. Dieser Umstand bringt es mit sich, daß auch Physiker, die ihr Leben lang kernphysikalische Probleme untersucht haben, nicht in der Lage sind, sich Mikroobjekte im eigentlichen Sinne *vorzustellen*. Sie unterscheiden sich

darin nicht von, sagen wir, einem Straßenbahnschaffner oder einem Buchhändler. Allerdings hat es der Physiker verstanden, sich trotz dieser Unzulänglichkeit die Mikrowelt zu erschließen – mit Hilfe der Methoden der modernen Mathematik und der *Modelle*.

Modelle sind vereinfachte Darstellungen von physikalischen Objekten und deren Wechselwirkungen. Sie erlauben es, eine komplizierte Realität einfach und übersichtlich zu fassen. Die Grundlage von Modellen bilden häufig der täglichen Erfahrung entlehnte Bilder und Analogien, mit deren Hilfe sich abstrakte Zusammenhänge und Objekte anschaulich beschreiben lassen. Ein solches Bild enthält niemals alle Eigenschaften des beschriebenen Gegenstandes. So ist etwa das Teilchenbild nicht in der Lage, die Welleneigenschaften von Elektronen wiederzugeben – und umgekehrt. Elektronen, Licht, Mikroobjekte überhaupt sind *weder* Welle *noch* Teilchen im herkömmlichen Sinne. Diese Begriffe sind lediglich Mittel, mit denen wir gewisse Aspekte der realen physikalischen Gegenstände in unsere Vorstellungswelt zwingen – eine Methode, die sich als äußerst fruchtbar erwiesen hat, vorausgesetzt, man ist sich ihrer Grenzen bewußt.

Die Unschärferelationen

Die Heisenbergsche Unschärferelation stellt eine der einschneidendsten Konsequenzen der Quantenmechanik dar. Sie besagt, daß unserer Meßgenauigkeit Grenzen gesetzt sind. Genauer ausgedrückt: Gewisse Meßgrößen eines Teilchens (wie etwa Ort und Impuls) sind nicht gleichzeitig mit beliebiger Genauigkeit definierbar.

Für die klassische Physik wäre eine solche Behauptung absurd. Ein Teilchen – im klassischen Sinne als Klümpchen oder, noch extremer, als „Massenpunkt" gedacht – ist in seiner Bewegung durch beliebig genau meßbare Orts- und Impulskoordinaten gekennzeichnet. Es gibt vielleicht technische, keinesfalls aber prinzipielle Grenzen in bezug auf die Meßgenauigkeit von Ort und Impuls. In der Quantenmechanik kann jedoch ein Teilchen nur angenähert als Punkt aufgefaßt werden – wie das für Objekte, die gleichzeitig Teilchen- *und* Wellencharakter offenbaren, ja auch nicht verwundern sollte.

Quantitativ schlägt sich dieser Umstand in der Heisenbergschen Unschärferelation nieder. Sie besagt, daß das Produkt der Meßgenauigkeit zweier „komplementärer" Größen (wie Ort und Im-

puls) einen gewissen Mindestwert niemals unterschreiten kann. Dieser Mindestwert wird mit $\hbar$ bezeichnet und ist mit dem Planckschen Wirkungsquantum h durch die Beziehung $\hbar = h/2\pi$ verknüpft, d. h., $\hbar = 1{,}055 \cdot 10^{-34}\,\mathrm{kg \cdot m^2/s}$.
Bezeichnet man die Meßgenauigkeit für den Ort mit Δx, jene für den Impuls mit Δp, dann gilt also

$$\Delta x \cdot \Delta p \geqq \hbar. \tag{4}$$

Warum bemerken wir in unserem täglichen Leben diese Schranke nicht?
Der Grund ist in der außerordentlichen Kleinheit der Konstanten $\hbar$ zu suchen. Betrachten wir als Beispiel ein fahrendes Auto (Masse etwa 1000 kg), dessen Geschwindigkeit v durch die Reflexion von Radarwellen an seiner Karosse gemessen werden soll. Nehmen wir an, daß die Verkehrspolizei den Ort des Autos auf 1 cm genau mißt, d. h., $\Delta x = 10^{-2}\,\mathrm{m}$.
Wegen $p = m\,v$ ergibt sich aus der Unschärferelation die prinzipielle Schranke für die Meßgenauigkeit von v zu $\Delta v = \hbar/(m\,\Delta x) \approx 10^{-35}\,\mathrm{m/s}$. Die Unschärfe in der Geschwindigkeit ist so unvorstellbar klein, daß der Verkehrspolizist den Strafzettel auch ohne Berücksichtigung der Quantenmechanik getrost ausschreiben kann!
Ganz anders liegen die Dinge, wenn man statt eines makroskopischen Objektes ein Elementarteilchen betrachtet, z. B. das Elektron, das eine Masse von $9{,}1 \cdot 10^{-31}\,\mathrm{kg}$ besitzt. Angenommen, man fixiert den Ort eines Elektrons auf $10^{-10}\,\mathrm{m}$ (das ist der Durchmesser eines Wasserstoffatoms), dann erhält man eine Geschwindigkeits„verschmierung" von $\Delta v \approx 1\,159\,\mathrm{km/s}$. Im atomaren Bereich darf also die Heisenbergsche Unschärferelation keinesfalls vernachlässigt werden!
Eine ähnliche Unbestimmtheitsbeziehung gilt für Energie und Zeit:

$$\Delta E \cdot \Delta t \geqq \hbar. \tag{5}$$

Wenn man ein System für eine sehr lange Zeit in einem gewissen Zustand halten kann (Δt groß), dann läßt sich seine Energie recht genau bestimmen (ΔE klein). Verbleibt das System jedoch nur für eine sehr kurze Zeit in diesem Zustand, so ist seine Energie wesentlich ungenauer definiert. Aufgrund dieser Relation sind beispielsweise die Spektrallinien von Atomen nicht völlig scharf, sondern besitzen eine endliche Breite. Der angeregte Zustand des Atoms, dessen Rückführung auf ein Niveau geringerer Energie zur Emission der Spektrallinien führt, ist nur von kur-

zer Dauer – typischerweise 10^{-9} s. Er kann also zeitlich recht genau fixiert werden, und damit muß seine Energie eine merkliche Unschärfe aufweisen. Die Frequenz der Photonen, die diese Energie forttragen, ist daher auf ein Spektralband endlicher Breite verschmiert.
Wir werden von der Ungleichung (5) im folgenden noch mehrfach Gebrauch machen.

Die Wahrscheinlichkeitsaussagen der Quantenmechanik

Das Element der Unbestimmtheit, das durch die Heisenbergschen Relationen in die Physik gebracht wird, drückt sich auch in der Rolle aus, die der *Zufall* in der Quantenmechanik spielt. Das sei an einem Beispiel verdeutlicht.
Bekanntlich bestehen Atomkerne aus Neutronen und Protonen. Im Kern gebundene Neutronen sind stabil. Anders isolierte Neutronen: sie zerfallen im Laufe der Zeit in andere Teilchen. Dabei erweist es sich als unmöglich, einen genauen Zeitraum anzugeben, nach dem ein bestimmtes Neutron zerfallen ist. Die Quantenmechanik gibt lediglich Wahrscheinlichkeiten an: Nach 11 Minuten z. B. ist die Wahrscheinlichkeit, daß das Neutron zerfallen ist, 50 %. Betrachtet man eine sehr große Anzahl von Neutronen, so bedeutet diese Aussage, daß nach 11 Minuten die Hälfte von ihnen zerfallen ist, nach weiteren 11 Minuten wieder die Hälfte der verbliebenen Neutronen (also ein Viertel der ursprünglichen Zahl) usw.
Der Zufall, der das Einzelereignis regiert, ist seinerseits augenscheinlich gewissen Regeln unterworfen. Der Neutronzerfall verläuft daher nach einem strengen Zerfallsgesetz – allerdings offenbart sich dieses Gesetz erst bei der Untersuchung vieler Zerfallsakte. Das ist auch der Grund, warum in der Elementarteilchenphysik ein und dieselbe Reaktion viele Male gemessen wird, ehe man aus dem statistischen Verhalten Hunderter oder Tausender von Einzelereignissen das „wahrscheinlichste" Resultat und damit die zugrundeliegende Gesetzmäßigkeit bestimmen kann.

7. Was ist ein Elementarteilchen?

Anfänge der Elementarteilchenphysik

Das erste Elementarteilchen wurde schon im vorigen Jahrhundert entdeckt. 1897 zeigte der Engländer J. J. Thomson, daß die von einer erhitzten Kathode im Vakuum abgegebenen „Kathodenstrahlen" sich wie elektrisch negativ geladene Teilchen verhalten. Diese Teilchen erhielten die Bezeichnung *„Elektron"*.
Acht Jahre später postulierte Einstein das Lichtteilchen, *Photon* genannt, und Anfang der dreißiger Jahre stellte sich heraus, daß der Atomkern aus *Protonen* und *Neutronen* aufgebaut ist.
Im gleichen Jahr, in dem das Neutron entdeckt wurde, 1932, stieß man bei der Untersuchung kosmischer Strahlen auf ein weiteres Teilchen. Es hatte die gleiche Masse wie das Elektron, war jedoch nicht wie jenes elektrisch negativ, sondern positiv geladen. Dieses Teilchen erhielt den Namen *Positron*. Das Positron war der erste Vertreter der Reihe der „Antiteilchen". Es ist das Antiteilchen zum Elektron.
Das Positron ist nicht das einzige Partikel, dessen Entdeckung man dem aus dem Weltall auf die Erde treffenden Teilchenstrom verdankt. 1936 wurden in der kosmischen Strahlung Teilchen entdeckt, die etwa 200mal so schwer wie das Elektron waren. Man nennt sie heute *Myonen* (μ). Damals glaubte man zunächst, das 1935 von dem Japaner Yukawa postulierte π-*Meson* (kurz: Pion oder π) gefunden zu haben, ein Irrtum, der erst 1947 durch die tatsächliche Entdeckung des Pions (ebenfalls in der kosmischen Strahlung) endgültig aufgeklärt wurde.
Der Nachweis des Pions stellte gewissermaßen den Endpunkt der „Ära der kosmischen Strahlung" dar. Die darauffolgenden Partikel wurden fast durchweg an eigens zu diesem Zweck errichteten Teilchenbeschleunigern entdeckt.

Erzeugung und Nachweis von Elementarteilchen

Die Erforschung der Welt der Elementarteilchen mit Hilfe von Beschleunigern begannen die Physiker 1948, als sie Pionen mit Hilfe der sog. „Synchrozyklotrons" erzeugten. Die heute üblichen, etwa 1000mal höheren Teilchenenergien werden an *Synchrotrons* erzielt.
Ein Synchrotron arbeitet folgendermaßen: In ein ringförmiges

Rohr werden niederenergetische Protonen (Protonsynchrotron) oder Elektronen (Elektronsynchrotron) eingeschossen. Entlang des Rohres sind Magneten angeordnet, deren Magnetfeld die Teilchen auf eine Kreisbahn zwingt (Abb. 6). An einigen Stellen entlang der Teilchenbahn sind elektrostatische Beschleunigungsstrecken eingebaut. Jedesmal, wenn ein Teilchen eine solche Strecke durchläuft, wird es durch eine geeignet gerichtete („synchronisierte") Spannung beschleunigt. Nehmen wir an, das Teilchen macht eine Million Umläufe. Dabei durchfliege es jedesmal 10 Beschleunigungsstrecken, an denen jeweils 5 kV anliegen. Dann entspricht seine Endenergie derjenigen Energie, die es bei einmaligem Durchlaufen einer (technisch gar nicht zu erzeugenden) Spannungsdifferenz von $10^6 \cdot 10 \cdot 5 \cdot 10^3$ V $= 5 \cdot 10^{10}$ V erhalten hätte!
Die Teilchenenergie wird in *Elektronenvolt* (eV) gemessen. Ein Elektronenvolt ist die Energie, die ein Elektron bei Durchlaufen einer Spannungsdifferenz von 1 V erhält. Die Bindungsenergie der Hüllenelektronen im Atom beträgt beispielsweise einige

Abb. 6. Der sowjetische 76-GeV-Beschleuniger in Serpuchow

Elektronen- (eV) bis Kiloelektronenvolt (keV). Um Kerne zu spalten, benötigt man Energien im MeV-Bereich (1 MeV = 1 Megaelektronenvolt = 10^6 eV), während es die Elementarteilchenphysik bis auf Hunderte von GeV (1 GeV = 1 Gigaelektronenvolt = 10^9 eV) bringt. Sie wird darum auch häufig als *Hochenergiephysik* bezeichnet.

Albert Einstein setzte 1905 die Masse eines Objektes in Beziehung zu der Energie, die durch diese Masse repräsentiert wird. Der Umrechnungsfaktor ist das Quadrat der Lichtgeschwindigkeit: $E = mc^2$. Die Äquivalenz von Energie und Masse ermöglicht es, auch für die Masse eine der Elementarteilchenphysik angepaßte Einheit zu finden. Wegen $m = E/c^2$ ergibt sich bei Angabe von E in GeV die Maßeinheit der Masse als GeV/c^2. Die Protonmasse beispielsweise beträgt 0,94 GeV/c^2.

Zurück zum Synchrotron. Nachdem die beschleunigten Teilchen die Maximalenergie erreicht haben, werden sie durch spezielle Auslenkmagnete aus dem Beschleunigungsrohr gelenkt und zu den Experimentieranlagen geleitet. Ein typischer Experimentaufbau ist in Abb. 7 gezeigt:

Der Teilchenstrahl trifft zunächst auf ein Zielobjekt, ein „Target" (so der Fachausdruck). Das Target besteht im wesentlichen aus jenen Elementarteilchen, mit denen die Strahlpartikel reagieren sollen, z. B. aus Protonen in Form flüssigen Wasserstoffs.

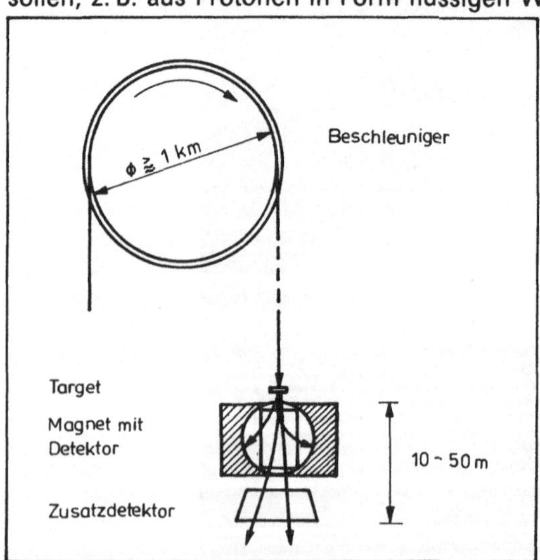

Abb. 7. Typischer Experimentaufbau an einem Protonsvnchrotron (nicht maßstabsgetreu!)

Bei der Reaktion von Strahl- und Targetteilchen wird eine u. U. sehr große Zahl geladener Sekundärteilchen erzeugt, die in Strahlrichtung auseinanderstieben. Sie durchqueren dabei ein Nachweisgerät („Detektor"), das zwischen den Polschuhen eines großen Elektromagneten steht und die Bahnkurven registriert. Das Magnetfeld krümmt die Bahnen geladener Teilchen. Da die Krümmung umgekehrt proportional dem Teilchenimpuls ist, kann man mit dem Detektor die Impulse der Reaktionsprodukte feststellen.

Hinter dem Magneten können sich Zusatzdetektoren befinden, die z. B. die Impulsmeßgenauigkeit für sehr schnelle (wenig gekrümmte) Teilchen verbessern. Sie können aber auch der Messung ganz anderer Größen dienen, etwa der Geschwindigkeit oder der Energie. Kennt man zusätzlich zum Impuls auch Geschwindigkeit oder Energie, so kann man daraus die Masse berechnen und damit die Identität des Teilchens feststellen.

Die meisten Anlagen gehören zur Klasse der elektronischen Detektoren, die ihrerseits vorwiegend aus den sog. *Drahtkammern* zusammengesetzt sind. Das sind Ebenen haarfeiner Drähte, zwischen denen eine Hochspannung anliegt. Geladene Teilchen lassen beim Durchqueren des Gasvolumens, innerhalb dessen sich die Drähte befinden, eine Kielspur freier Ladungsträger zurück (ionisierte Atome und Elektronen).

Die Ladungsträger werden durch die Hochspannung beschleunigt, vervielfachen sich dabei lawinenartig und induzieren an den Drähten ein elektrisches Signal. Die Drahtsignale werden durch eine geeignete Elektronik ausgelesen und – nach einer Vorverarbeitung durch einen Computer – auf Magnetbänder geschrieben. Aus der Drahtnummer erhält man die Koordinaten des Durchstoßpunktes des Teilchens durch die betreffende Drahtebene. Stellt man viele Ebenen gekreuzter Drähte hintereinander auf, so läßt sich aus den einzelnen Spurpunkten die Bahn des Teilchens rekonstruieren.

Der zweite Standarddetektor der Hochenergiephysik kommt der Anschauung weit mehr entgegen als die elektronischen Nachweisgeräte. Es ist die Blasenkammer. Blasenkammern enthalten ein verflüssigtes Gas (z. B. flüssigen Wasserstoff) bei sehr tiefen Temperaturen. Bei Teilchendurchgang wird der Druck, unter dem man den Wasserstoff bis dahin gehalten hat, verringert. Dadurch bilden sich an den entlang der Teilchenbahn erzeugten Ionen kleine Bläschen. Die Blasen, die sich beim Öffnen einer Bierflasche bilden, entstehen nach einem ähnlichen Prinzip, nur daß sie nicht an Ionen, sondern an Staubteilchen ansetzen.

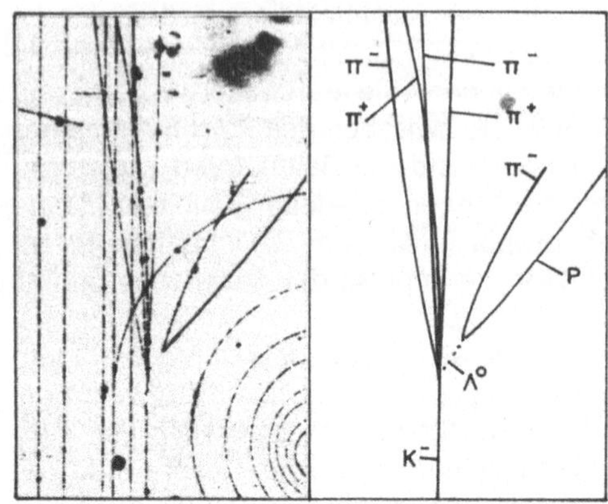

Abb. 8. Die Erzeugung eines Λ^0-Teilchens in der Reaktion $K^- p \rightarrow \Lambda^0 \pi^+ \pi^+ \pi^- \pi^-$ und der anschließende Zerfall des neutralen (und daher keine Spur erzeugenden) Λ^0 in zwei geladene Teilchen: $\Lambda^0 \rightarrow p\pi^-$. Links: Foto der Blasenkammer MIRABELLE (Serpuchow), auf dem das Ereignis gefunden wurde; rechts: Nachzeichnung der relevanten Teilchenspuren

Abb. 8 zeigt eine Blasenkammer-Fotografie.
Mit Blasenkammern lassen sich komplizierte Spurmuster leichter analysieren als mit elektronischen Detektoren. Diese sind andererseits weit schneller als die Blasenkammern. So können etwa die Drahtkammern einige Tausend Reaktionen („Ereignisse", wie man in der Fachsprache sagt) pro Sekunde registrieren.
Warum wollen die Wissenschaftler die Energie immer weiter steigern?
Der erste Grund hängt mit der Wellennatur zusammen, die nach der Quantentheorie allen Materiebausteinen eigen ist. Wie schon vom Lichtmikroskop bekannt, lassen sich Strukturen, die feiner sind als die Wellenlänge des verwendeten Lichtes, nicht mehr auflösen. Will man auch sie erforschen, muß man zu kürzeren Wellenlängen übergehen. Nun ist die Energie eines Teilchens (siehe Kap. 6, Gl. 3) umgekehrt proportional der Wellenlänge. Je tiefer man in die Feinstruktur der Materie eindringen will, desto höhere Teilchenenergien braucht man also!
Der zweite Grund ergibt sich aus der Tatsache, daß Masse und Energie äquivalent sind: $E = mc^2$. Bewegungsenergie von schnellen Objekten kann demnach in Masse, also in zusätzliche Teilchen, umgewandelt werden. Je höher die Energie des Teilchenstrahls, um so mehr (oder um so schwerere) Sekundärpartikel können erzeugt werden.

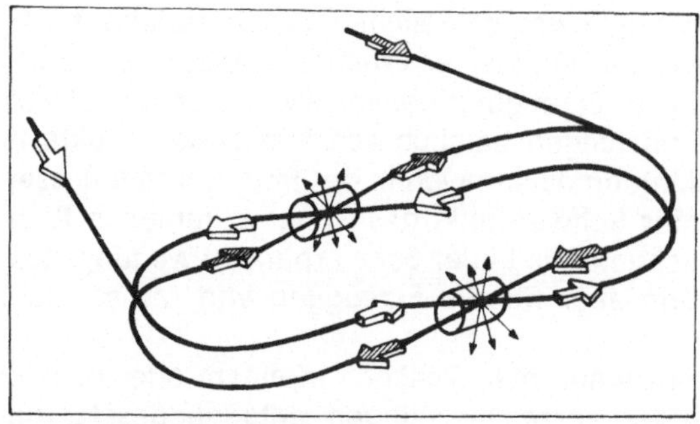

Abb. 9. Speicherringanlage.
An den von Detektoren umgebenen Wechselwirkungspunkten prallen die Teilchen aufeinander. Die meist zylinderförmigen Detektoren haben Durchmesser bis zu 15 m

Tabelle 1. Die größten gegenwärtig in Betrieb oder im Bau befindlichen Beschleuniger

Ort	beschleunigte Teilchen[1]	Energie in GeV	Inbetriebnahme
Serpuchow	p	70	1967
(UdSSR)	p	3000	1993
	p + p	600 + 3000	1994
Batavia	p	a) 500	1974
(USA)		b) 1000	1984
	$p + \bar{p}$	c) 800 + 800	1985
Genf	p	450	1976
(Schweiz)	$p + \bar{p}$	320 + 320	1981
	$e^+ + e^-$	60 + 60	1989
Nowosibirsk (UdSSR)	$e^+ + e^-$	7 + 7	1980
Cornell (USA)	$e^+ + e^-$	8 + 8	1979
Stanford	$e^+ + e^-$	15 + 15	1980
(USA)	$e^+ + e^-$	50 + 50	1988
Hamburg	$e^+ + e^-$	23 + 23	1978
(BRD)	$e^+ + p$	30 + 820	1990
Tokio (Japan)	$e^+ + e^-$	30 + 30	1987

[1] Bei Angaben nur eines Teilchens handelt es sich um eine Festtargetmaschine, andernfalls um eine Speicherringanlage, innerhalb derer die beiden aufgeführten Teilchen gegenläufig beschleunigt werden.

Wenn man ein schnellbewegtes Teilchen auf ein ruhendes Target lenkt, dann wird nur ein kleiner Bruchteil der zur Verfügung stehenden Energie zur Erzeugung neuer Teilchen genutzt. Nach dem Zusammenstoß fliegen nämlich alle Reaktionsprodukte in fast genau eine Richtung davon: wegen des Impulserhaltungssatzes bewegt sich der Schwerpunkt des Systems immer in Richtung des Strahlteilchens. Die in der Schwerpunktbewegung stekkende Energie kann aber für die Erzeugung von Masse nicht genutzt werden.
Anders sieht es aus, wenn man Teilchen in einem oder in zwei leicht gegeneinander versetzten Ringen entgegengesetzt beschleunigt und dann frontal aufeinanderschießt (Abb. 9, 10). Hier

Abb. 10. Ein für Speicherringexperimente typischer Detektor (Stanford Linear Acceleration Center, USA)

ruht der Schwerpunkt, der Gesamtimpuls des Systems ist gleich Null, und die gesamte Bewegungsenergie kann in neu erzeugte Teilchen umgesetzt werden. Diese als „Speicherringe" bezeichneten Beschleuniger scheinen den Fest-Target-Maschinen den Rang abzulaufen. Zum einen wegen der Möglichkeit, sehr *massive* Teilchen zu erzeugen. Zum anderen – und das läßt sich nicht anhand eines so einfachen Argumentes wie des Impulserhaltungssatzes, sondern nur mit Hilfe der speziellen Relativitätstheorie zeigen –, weil die Primärteilchen einander tatsächlich hochenergetischer „sehen" als in Fest-Target-Maschinen. Man kann z. B. durch Aufeinanderschießen zweier Protonen von jeweils 30 GeV rund 8mal kleinere Strukturen auflösen, als wenn man ein Proton mit $2 \cdot 30\,\text{GeV} = 60\,\text{GeV}$ auf ein ruhendes Proton schießt.
Die Mehrzahl der entscheidenden Entdeckungen der letzten Jahre wurde an Speicherringanlagen gemacht.

Leptonen

Das skurrilste Elementarteilchen, an dessen Erforschung man sich mit Hilfe der Beschleuniger machte, ist zweifellos das *Neutrino* (ν).
Die Existenz des Neutrinos war schon 1930 von dem österreichischen Physiker Wolfgang Pauli vorhergesagt worden. Es war seinerzeit nämlich beobachtet worden, daß beim radioaktiven β-Zerfall des Neutrons in ein Proton und ein Elektron die Summe der Energien von Proton und Elektron kleiner als die Energie des ursprünglichen Neutrons ist. Wenn nicht der Energieerhaltungssatz verletzt sein sollte, konnte es – so Pauli – nur eine Lösung geben: Die fehlende Energie muß von einem neutralen, sehr selten wechselwirkenden und daher schwer zu beobachtenden Teilchen fortgetragen worden sein. Dieses mysteriöse Teilchen wurde später „Neutrino" getauft.
Es dauerte jedoch noch länger als 20 Jahre, ehe man Neutrinos auch direkt nachweisen konnte. Anfang der fünfziger Jahre registrierte man Neutrinostrahlung, die bei den Kernumwandlungen in einem Atomreaktor erzeugt worden war. Kurz darauf gelang es auch, an Beschleunigern Neutrinostrahlen zu produzieren und mit tonnenschweren Detektoren nachzuweisen.
Was wissen wir heute über das Neutrino?
1. Das Neutrino existiert in drei „Ausführungen": dem Elektron-Neutrino (ν_e), dem Myon-Neutrino (ν_μ) und dem bis heute noch nicht direkt nachgewiesenen Tau-Neutrino (ν_τ). Zu jedem dieser

Neutrinos gibt es ein Antiteilchen ($\bar{\nu}_e$, $\bar{\nu}_\mu$, $\bar{\nu}_\tau$). So kann man z. B. den β-Zerfall des Neutrons als

$$n \rightarrow p + e^- + \bar{\nu}_e$$

schreiben (p Proton, e^- Elektron).

2. Neutrinos sind nur zu schwachen Wechselwirkungen fähig.[1] Sie spüren weder elektromagnetische Felder noch die Felder der starken Kernkraft, daher ihre extrem geringe Reaktionswahrscheinlichkeit.

3. Lange Zeit als masselos (wie die Photonen) angenommen, scheinen die Neutrinos nach neuesten Erkenntnissen eine, wenn auch extrem kleine, Masse zu besitzen. Experimente einer Forschergruppe um W. I. Ljubimow in Moskau deuten auf eine Elektron-Neutrino-Masse von etwa 20 eV/c^2 hin. Zum Vergleich die Massen von Elektron und Proton: 511 003 eV/c^2 bzw. 938 279 600 eV/c^2!

Das Neutrino ist nicht das einzige Teilchen, das die starke Kraft ignoriert. Auch das Elektron und das zu Beginn dieses Kapitels erwähnte Myon (μ) sind nicht zu starken Wechselwirkungen fähig. Allerdings nehmen sie aufgrund ihrer elektrischen Ladung an elektromagnetischen Prozessen teil. Das Myon ist nicht stabil, sondern zerfällt innerhalb von etwa 2 millionstel Sekunden in ein Elektron, ein Anti-Elektronneutrino und ein Myonneutrino:

$$\mu^- \rightarrow e^- + \bar{\nu}_e + \nu_\mu .$$

Dem Elektron und dem Myon gesellte sich Mitte der siebziger Jahre ein drittes geladenes, nicht stark wechselwirkendes Teilchen hinzu, das *Tauon* (τ).

e, μ, τ, ν_e, ν_μ, ν_τ und ihre Antiteilchen bilden die Gruppe der *Leptonen*. Der Name ist vom griechischen „leptos" (leicht) abgeleitet, da das namhafteste Lepton, das Elektron, ein im Vergleich zum Proton sehr leichtes Teilchen ist. Alle Leptonen ignorieren die starke Kraft.

Wie schon aus der Bezeichnung der Mitglieder der Leptonengruppe hervorgeht, ist es üblich, sie paarweise zu ordnen:

$$\begin{pmatrix} e^- \\ \nu_e \end{pmatrix}, \begin{pmatrix} \mu^- \\ \nu_\mu \end{pmatrix}, \begin{pmatrix} \tau^- \\ \nu_\tau \end{pmatrix} \quad \text{– die Leptonen,}$$

$$\begin{pmatrix} e^+ \\ \bar{\nu}_e \end{pmatrix}, \begin{pmatrix} \mu^+ \\ \bar{\nu}_\mu \end{pmatrix}, \begin{pmatrix} \tau^+ \\ \bar{\nu}_\tau \end{pmatrix} \quad \text{– die Antileptonen.}$$

[1] Die universellste aller Kräfte, die Gravitationskraft, der *alle* Teilchen unterliegen, wollen wir von nun ab nicht jedesmal gesondert erwähnen.

Hadronen

Die Gruppe der Leptonen ist recht begrenzt. Nicht sie, sondern die ständig wachsende Zahl der stark wechselwirkenden Teilchen führte zu der vielzitierten „Teilcheninflation".
Objekte, die die starke Kernkraft spüren, nennt man *Hadronen*. Hadronen reagieren durchweg auch auf die Felder der schwachen Kraft und auf elektromagnetische Felder. Allerdings darf man bei kleinen Abständen den Einfluß der beiden letztgenannten Kräfte im Vergleich zu der weit potenteren starken Kraft getrost vernachlässigen (siehe Abb. 5!).
Die Zahl der bis heute gefundenen Hadronen geht in die Hunderte. Die meisten von ihnen sind extrem kurzlebig: gerade erst in Stößen hochenergetischer Elementarteilchen erzeugt, beenden sie ihr kurzes Dasein schon nach etwa 10^{-23} s und zerfallen in sekundäre Teilchen. Ein Teil ihrer Masse lebt dabei in Form der Massen der Sekundärteilchen fort, ein anderer Teil wird in Bewegungsenergie umgewandelt.
Die Klasse der Hadronen kann wiederum in zwei Familien unterteilt werden, die man als *Mesonen* und *Baryonen* bezeichnet.
Der prominenteste Vertreter der Mesonengruppe ist das *Pion* (π). Alle Mesonen sind instabil und zerfallen letztlich in Elektronen, Positronen, Photonen und Neutrinos. Als Beispiel führen wir den etappenweisen Zerfall des ϱ^0-*Mesons* an:

$\varrho^0 \rightarrow \pi^+ + \pi^-$	(Lebensdauer 10^{-23} s)
$\pi^+ \rightarrow \mu^+ + \nu_\mu$	(„ 10^{-8} s)
$\pi^- \rightarrow \mu^- + \bar{\nu}_\mu$	(„ 10^{-8} s)
oder	
$\varrho^0 \rightarrow \pi^0 + \pi^0$	(Lebensdauer 10^{-23} s)
$\pi^0 \rightarrow \gamma + \gamma$	(„ 10^{-16} s).

Die bekanntesten Mitglieder der Baryonenfamilie sind die Kernbausteine: Proton und Neutron. Mit Ausnahme des Protons sind alle (freien) Baryonen instabil und zerfallen so, daß neben Leptonen und Photonen am Ende ein Proton übrigbleibt. Ein Beispiel für einen Baryonzerfall ist in Abb. 8 gezeigt: Ein Λ-Hyperon (Masse 1,116 GeV/c^2) zerfällt in ein Proton (Masse 0,938 GeV/c^2) und ein π^- (Masse 0,140 GeV/c^2).
Anfang der sechziger Jahre kannte man das Photon, vier Leptonen und an die hundert Hadronen. Tabelle 2 resümiert einige der wichtigsten Erkenntnisse, die man damals über diese Objekte gewonnen hatte. Neben der Masse, der Lebensdauer und den Arten der Wechselwirkung, an denen es teilnimmt, ist jedes

Tabelle 2. Einige der wichtigsten Elementarteilchen, die Anfang der 60er Jahre bekannt waren

Teilchen	Masse in MeV	*B*	*s*	Lebensdauer in s	Wechselwirkung		
					stark	el.-magn.	schwach
Photon γ	0	0	1	stabil	–	+	–
			LEPTONEN				
Elektron e^-	0,511	0	½	stabil	–	+	+
e-Neutrino ν_e	(0)	0	½	stabil	–	–	+
Myon μ	105,7	0	½	$2{,}2 \cdot 10^{-6}$	–	+	+
μ-Neutrino ν_μ	(0)	0	½	stabil	–	–	+
			HADRONEN				
MESONEN							
Pion π^+, π^-	139,6	0	0	$2{,}6 \cdot 10^{-8}$	+	+	+
π^0	135,0	0	0	$0{,}8 \cdot 10^{-16}$	+	(+)	+
Kaon K^+, K^-	493,7	0	0	$1{,}2 \cdot 10^{-8}$	+	+	+
K^0	497,7	0	0	50 %: $0{,}9 \cdot 10^{-10}$ 50 %: $5{,}2 \cdot 10^{-8}$	+	(+)	+
Rho ϱ^+, ϱ^-	776	0	1	$0{,}4 \cdot 10^{-23}$	+	+	+
ϱ^0	776	0	1	$0{,}4 \cdot 10^{-23}$	+	(+)	+
BARYONEN							
Proton p	938,3	1	½	stabil	+	+	+
Neutron n	939,6	1	½	917	+	(+)	+
Lambda Λ^0	1 115,6	1	½	$2{,}6 \cdot 10^{-10}$	+	(+)	+
Delta Δ^{++}	1 232	1	½	$0{,}6 \cdot 10^{-23}$	+	+	+

Teilchen durch einen Satz von sog. Quantenzahlen bestimmt. Eine davon ist die in der 3. Spalte aufgeführte Baryonzahl *B*. Die Elementarteilchenphysiker, die aus jeder Reaktion eine Bilanz, ein Erhaltungsgesetz herauszuschälen versuchen, haben festgestellt, daß in allen bislang beobachteten Prozessen die Anzahl der Baryonen abzüglich der Anzahl der Antibaryonen unverändert bleibt. Man kann diesen Sachverhalt mathematisch fassen, indem man eine *Baryonzahl* definiert. Der Wert der Baryonzahl wird für die Baryonen auf +1, für die Antibaryonen auf −1 und für alle anderen Teilchen (Mesonen, Leptonen usw.) auf 0 festgelegt. Damit können wir einen wichtigen Erhaltungssatz formulieren: In allen physikalischen Prozessen bleibt die Baryonzahl unverändert!

Ähnlich wichtig ist die Spin-Quantenzahl, in der Tabelle mit „*s*" abgekürzt. Ein Teilchen, das sich um seine eigene Achse dreht, besitzt einen Eigendrehimpuls, den *Spin*. In der submikroskopischen Welt unterliegen die möglichen Werte des Drehimpulses Einschränkungen durch die Quantenmechanik. Zugelassen sind nur ganz- oder halbzahlige Vielfache einer Grundeinheit, eines Drehimpulsquants. Dieser Grundwert ist gleich der im Zusammenhang mit den Heisenberg-Relationen eingeführten Konstanten $\hbar$. Zum Beispiel haben alle Leptonen einen Spin gleich der Hälfte der Grundeinheit: $s_{\text{Lepton}} = 1/2\,\hbar$. Mesonen haben ganze Einheiten des Spins (0, 1, 2, ...), während der Spin der Baryonen stets halbzahlig ($\frac{1}{2}$, $\frac{3}{2}$, $\frac{5}{2}$, ...) ist.
Ein Wort noch zu den Wechselwirkungen. Eigentlich sollte man erwarten, daß neutrale Teilchen die elektromagnetische Kraft ignorieren. Trotzdem steht in der vorletzten Spalte der Tabelle ein (+) hinter den neutralen Hadronen. Dahinter stecken die elektromagnetischen Effekte, die sich aus der ungleichmäßigen Ladungsverteilung innerhalb des insgesamt neutralen Teilchens ergeben. Häufig wird sogar durch die im Innern dieses Teilchens wirkende elektromagnetische Kraft dessen *Zerfall* ausgelöst. Objekte, die elektromagnetisch zerfallen, haben typische Lebensdauern von 10^{-16} s. Die Zeitskala für starke Zerfälle liegt bei etwa 10^{-23} s, während sich die Lebensdauern schwach zerfallender Teilchen vom Nanosekundenbereich (π, K) bis hin zu mehreren Minuten (Neutron) erstrecken.

8. Quarks

Vielheit und Elementarität sind zwei entgegenstehende Begriffe. Die große Anzahl von Hadronen, die zu Beginn der sechziger Jahre bekannt waren, ließ darum die Physiker daran zweifeln, es noch mit wirklich elementaren Objekten zu tun zu haben.
Die Situation erinnerte in mancher Hinsicht an die Zeit kurz vor der Entdeckung des Atomaufbaus zu Beginn des Jahrhunderts. Damals waren die *Atome* die kleinsten bekannten Objekte. 23 Elemente kannte Lavoisier, 64 waren es bei Mendelejew, und

ihre Zahl wuchs ständig weiter. Von Mendelejew zu Perioden und Gruppen geordnet, standen die Atome offenbar in geheimnisvoller Beziehung zueinander.
Wo lagen die verborgenen Gesetze, die die großartige Ordnung des Periodensystems erklärten? Vor allem die Chemiker spürten diesem Rätsel nach. Aber nicht sie, sondern die Physiker waren es, die die Lösung fanden: Die Eigenschaften der Elemente erklären sich aus dem Bau der Elektronenhülle. Der Umstand, daß Atome *nicht* elementar, sondern aus noch kleineren Teilen zusammengesetzt sind, ermöglicht also letztlich, die beobachtete Vielfalt der Elemente zu erklären.
Auch die 1964 bekannten Elementarteilchen standen nicht beziehungslos nebeneinander. In immer neuen Ansätzen hatte man versucht, die über 100 Hadronen nach ihren Quantenzahlen zu gruppieren, und schließlich auch Ordnung in das Teilchenwirrwarr gebracht. Die Hadronen konnten zu „Multipletts" zusammengefaßt werden: zu *Oktetts*, die acht Teilchen enthalten, und zu *Dekupletts*, zu denen jeweils zehn Partikel gehören. Die mathematischen Regeln, denen der Bau der Multipletts gehorcht, erlaubten es, die Eigenschaften noch gar nicht entdeckter Mitglieder des betreffenden Multipletts anzugeben. Tatsächlich wurden die so berechneten Teilchen auch gefunden, und ihre Eigenschaften deckten sich in glänzender Weise mit den Vorhersagen der Theorie.
Wo aber lagen die Ursachen für die Multiplett-Regeln? Wiederum erwies sich, daß die beobachteten Gesetzmäßigkeiten und Symmetrien auf ein tieferes Bauprinzip zurückzuführen sind. Georg Zweig und Murray Gell-Mann, zwei amerikanische Physiker, fanden 1964 unabhängig voneinander die richtige Erklärung: Aus drei Teilchen, von Gell-Mann mit dem Phantasienamen „Quarks" bezeichnet, sollten Proton, Neutron und die anderen Baryonen aufgebaut sein, während die Mesonen sich aus jeweils einem Quark und einem Antiquark zusammensetzen.
Die spektakulärste Eigenschaft, die die beiden Physiker den Quarks zuschreiben mußten, war ihre *nicht ganzzahlige elektrische Ladung*. Die Ladungen aller bis dahin bekannten Teilchen waren ganzzahlige Vielfache der Elementarladung $q_0 = 1{,}602 \cdot 10^{-19}$ Coulomb. In Einheiten von q_0 gezählt, betragen die Ladungen der „normalen" Elementarteilchen also 0, ± 1, ± 2, ± 3, ... usw. Anders die Quarks: Sie durften, um die Eigenschaften der Hadronen erklären zu können, nur ein Drittel oder zwei Drittel der üblichen Elementarladung tragen.
Drei Sorten von Quarks – man bezeichnet sie mit den Buchsta-

ben u, d, s (*up, down* und *strange*) – hätten nach Ansicht Gell-Manns und Zweigs ausreichen müssen, um den Aufbau der Hadronen zu erklären. Für die Kernbausteine Proton und Neutron kommt man mit u- und d-Quarks allein aus; ein Proton besteht aus zwei u-Quarks und einem d-Quark, ein Neutron aus zwei d-Quarks und einem u-Quark. Das s-Quark mußte postuliert werden, um einige der an Beschleunigern erzeugten Teilchen verstehen zu können, etwa das Kaon (siehe Tab. 2), das in seiner positiv geladenen Version aus einem Anti-s-Quark und einem u-Quark besteht: $K^+ = \bar{s}u$. Seit 1964 hat sich die Hadronenfamilie gewaltig vermehrt. Die vervielfachte Energie der neuen Beschleuniger erlaubte es, immer schwerere Teilchen zu erzeugen. 3,3 Protonenmassen besitzt das 1974 entdeckte Ψ-Teilchen, während das Y-Meson, 1977 nachgewiesen, es sogar auf etwa 10 Protonmassen (9,46 GeV/c^2) bringt!

Die „leichten" Quarks u, d und s sind nicht geeignet, diese schweren Mesonen zu konstituieren. Es erwies sich als notwendig, die Existenz zweier weiterer Quarksorten „c" und „b" (*charm* und *bottom*) anzunehmen, um die neuen Teilchen verstehen zu können. Aus Symmetriegründen macht sich mittlerweile sogar noch ein sechstes Quark, „t" (top) genannt, notwendig. Damit dürfte dann allerdings nach Ansicht vieler Theoretiker die Reihe der Quarks abbrechen. Das top-Quark, für dessen Vorhandensein es seit 1984 auch erste experimentelle Hinweise gibt, ist aller Voraussicht nach das schwerste Quark.

Tabelle 3 faßt die Eigenschaften der sechs Quarks zusammen, während Abb. 11 das Bauprinzip einiger Hadronen illustriert.

Niemand konnte bis heute freie Teilchen beobachten, deren Ladung nur einen Bruchteil des elektrischen Elementarquantums

Tabelle 3. Die Eigenschaften der Quarks

Zu jedem Quark existiert ein Antiquark, dessen Ladung und Baryonzahl umgekehrtes Vorzeichen besitzen.

Quark	Ladung	Baryonzahl	Spin
up (u)	+⅔	⅓	½
down (d)	−⅓	⅓	½
strange (s)	−⅓	⅓	½
charm (c)	+⅔	⅓	½
bottom (b)	−⅓	⅓	½
top (t)	+⅔	⅓	½

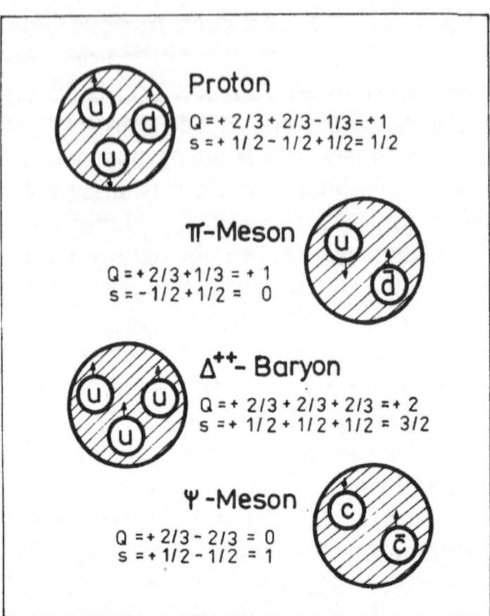

Abb. 11. Das Bauprinzip einiger Hadronen.
Die vektorielle Addition der Quarkspins (Pfeile) ergibt den Gesamtspin *s* des Hadrons. Auch elektrische Ladung *Q* und Baryonzahl *B* erhält man durch Aufsummieren der entsprechenden Quantenzahlen der Quarks. Antiquarks sind durch Querstriche über den Buchstaben gekennzeichnet

ausmacht. Deshalb zögerte die Fachwelt zunächst, in den Quarks reale physikalische Objekte zu sehen. Erst 1968 begann sich das Bild zu wandeln. Damals wurden am 20-GeV-Elektronenbeschleuniger in Stanford (USA) Protonen mit hochenergetischen Elektronen beschossen. Die Elektronen dienten als „punktförmige" Sonden, die ins Innere des Protons eindringen und entsprechend der Verteilung der elektrischen Ladung innerhalb des Protons abgelenkt werden.
Wäre die Ladung über das gesamte Volumen des Nukleons verschmiert, so fände ein eindringendes Teilchen keine starken Ladungskonzentrationen vor und würde nur schwach abgelenkt (Abb. 12a). Die Ergebnisse von Stanford zeigten aber, daß die Elektronen unerwartet oft unter großen Winkeln gestreut wurden, so als würden sie beim Durchqueren des Protons gelegentlich auf kleine, harte, elektrisch geladene Kerne stoßen (Abb. 12b). Die nähere Analyse zeigte, daß es sich um *drei* Konstituenten handelte und daß sie die Elektronen gerade so streuten, als trügen sie ⅓ bzw. ⅔ der elektrischen Elementarladung.

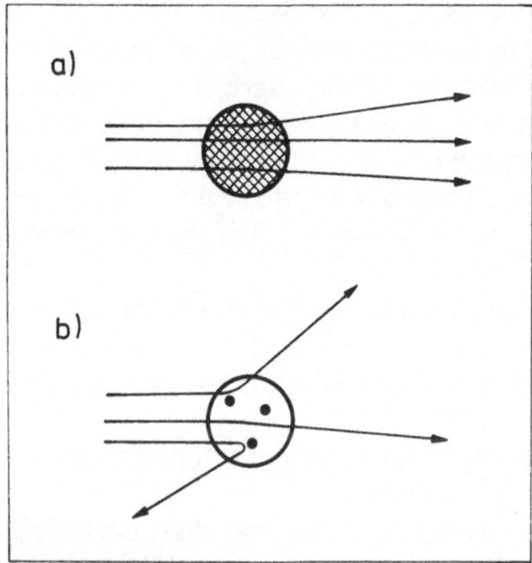

Abb. 12. Streuung eines Elektrons an einem Proton:
a) für den Fall einer kontinuierlich verteilten elektrischen Ladung,
b) für den Fall, daß die elektrische Ladung in sehr kleinen Konstituenten konzentriert ist

Damit waren die Quarks endgültig etabliert!
Wenn die Elementarteilchen aus Quarks bestehen, sollte es eigentlich möglich sein, ein Proton durch Beschuß mit genügend hochenergetischen Elektronen oder anderen Teilchen in seine Bestandteile zu zerlegen. Diese Methode hatte sich bisher vielfach bewährt – man denke an die Zertrümmerung von Atomkernen durch Beschuß mit Neutronen!
Aber so hoch man auch die Energien der Beschleuniger schraubte – freie Quarks fand man nicht. Die Bewegungsenergie der Strahlteilchen wandelte sich in alle möglichen „normalen" Teilchen um, nur nicht in Quarks. Heute weiß man, warum das so ist. Verantwortlich dafür ist der Charakter der starken Kernkraft. Wir werden in Kap. 14 darauf zurückkommen.
Das ursprüngliche Quarkmodell hatte – ungeachtet all seiner Erfolge – Schwierigkeiten bei der Erklärung einiger Teilchen. Ein solches Teilchen ist z. B. das doppelt positiv geladene Delta-Baryon, Δ^{++}. Es besteht (siehe Abb. 11) aus drei u-Quarks, die sich alle im gleichen Zustand befinden. In sämtlichen Quantenzahlen, einschließlich Spinbetrag und -richtung, stimmen sie überein (im Unterschied etwa zum Proton, dessen beide u-Quarks entgegengesetzte Spinrichtungen aufweisen). Genau das ist aber nach einem Basisgesetz der Quantenmechanik, dem *Pauli-Prinzip*, verboten.

Das Pauli-Prinzip besagt, daß es in einem System, das aus Teilchen mit halbzahligem Spin besteht, niemals zwei identische, d. h. ununterscheidbare Teilchen geben darf. In wenigstens einer Quantenzahl müssen sich zwei beliebig herausgegriffene Partikel des Systems unterscheiden. Das kann die Masse sein, die elektrische Ladung, die Baryonenzahl, der Spin – kurz, ein jedes der vielen Attribute, nach denen wir Teilchen zu unterscheiden gelernt haben.

Im Falle des Δ^{++} konnte man jedoch alle bekannten Merkmale von Elementarteilchen durchgehen – es fand sich keines, das zur Unterscheidung der drei u-Quarks herangezogen werden konnte.

War das Pauli-Prinzip verletzt? Oder unterscheiden sich die u-Quarks vielleicht doch in irgend etwas?

Das letztere ist der Fall. Der einfachste Weg, das diskutierte Problem zu umgehen, ist, eine neue Quantenzahl einzuführen. Man nimmt an, daß jedes Quark in drei verschiedenen Ausgaben existieren kann. Die Bezeichnung „u-Quark" wäre demnach ein Sammelbegriff für drei Arten von Quarks, u_1, u_2 und u_3. Diese drei Formen des u-Quarks unterscheiden sich in einer neuen Quantenzahl, die wir als *Farbquantenzahl* bezeichnen wollen. Natürlich hat die Farbquantenzahl nichts mit den Farben der Alltagswelt zu tun, sondern ist nur ein anschaulicher Ausdruck für die verschiedenen Zustände der Quarks.

Ebenso anschaulich weist man den drei Formen, in denen die Quarks existieren können, die Attribute „rot", „grün" und „blau" zu. Statt u_1, u_2, u_3 schreibt man also u_r, u_g, u_b, wobei die Indizes die Abkürzungen für rot, grün und blau sind. Auch die anderen fünf Quarks treten in jeweils drei Ausführungen auf, also d_r, d_g und d_b, s_r, s_g und s_b etc.

Warum hat man für die neue Quantenzahl den Begriff „Farbe" gewählt? Der Grund ist die formale Analogie, die zwischen den Mischungsregeln der Farbenlehre und den Additionsgesetzen der Farbquantenzahl besteht.

Mischt man drei Farben, die auf dem Ostwaldschen Farbenkreis um 60° gegeneinander versetzt sind – etwa *Rot + Grün + Blau* –, so erhält man im Ergebnis den Eindruck *Weiß*. Die additive Mischung der drei Farben ist also „farblos". Ganz analog verhalten sich die drei farbigen Quarks, die die Baryonen konstituieren. Obwohl sie selbst die Eigenschaft „Farbe" besitzen (also eben jenes Attribut, das die ansonsten völlig gleichartigen u-Quarks des Δ^{++}-Baryons unterscheidet), verfügt das von ihnen gebildete Gesamtsystem *nicht* über dieses Wesensmerkmal. Hadronen sind farblos! Wäre es anders, dann müßten auch die Hadronen in mehrfacher Ausfertigung – rot, grün, blau – existieren. Das ist experimentell jedoch nicht beobachtet worden.

Die Analogie zwischen Farbmischung und Teilchenstruktur erstreckt sich auch auf die aus einem Quark und einem Antiquark aufgebauten Mesonen. Zwei Komplementärfarben (also zwei Farben, die sich auf dem Farbenkreis gegenüberliegen) ergeben gemischt ebenfalls Weiß:

Rot + „Antirot" (Violett) = Weiß
Grün + „Antigrün" (Türkis) = Weiß
Blau + „Antiblau" (Gelb) = Weiß

Weist man den Quarks als mögliche Farbzustände „rot", „grün" und „blau", den Antiquarks dagegen „antirot", „antigrün" und „antiblau" zu, so kann man demnach durch Zusammenfügen von Quark-Antiquark-Paaren ebenfalls farblose Systeme konstruieren: die Mesonen.

Wäre durch die Einführung der Farbquantenzahl nur das Dilemma der Δ^{++}-Struktur umgangen worden, so hätte man sich von dieser Hypothese sicherlich bald wieder getrennt. Immerhin wird die *Anzahl* der Quarks auf das Dreifache aufgeblasen – ein Trend, dem die meisten Physiker mit äußerst gemischten Gefühlen gegenüberstehen, widerspricht er doch in gewissem Sinne dem Gedanken der Elementarität des Quarks.

Die Hinweise auf die Existenz einer Farbquantenzahl häuften sich jedoch. So konnte 1971 ein Rätsel gelöst werden, das den Theoretikern schon seit Mitte der sechziger Jahre Kopfzerbrechen bereitet hatte. Es handelte sich dabei um die Lebensdauer des neutralen Pi-Mesons, des π^0. Aus dem ursprünglichen Quarkmodell zu $0{,}75 \cdot 10^{-15}$ s berechnet, erwies sich diese theoretisch hergeleitete Zerfallszeit des π^0 als neunmal so groß wie die experimentell beobachtete ($0{,}83 \cdot 10^{-16}$ s). 1971 konnte man jedoch beweisen, daß die Lebensdauer des π^0 direkt von der Anzahl der Ausführungen abhängt, in denen u- und d-Quarks auftreten. Je größer diese Anzahl ist (d. h., je mehr „Farben" existieren), um so schneller zerfällt das π^0, und im Falle von drei Farben ergibt sich gerade ein Faktor 9!

Inzwischen ist man davon überzeugt, daß die Farbquantenzahl oder Farb*ladung* weit mehr ist als ein Mittel, Einzelfälle zu erklären. Sie bildet die Grundlage der Theorie der starken Kraft, der sog. *Quantenchromodynamik*. Wir werden in Kap. 13 darauf zurückkommen.

9. Die Struktur der Materie

In den beiden letzten Kapiteln sind wir die Stufenleiter der Materie bis zu den Quarks herabgestiegen.
Die Materie setzt sich aus Atomen zusammen. Die Atome bestehen aus einem Kern, der in einigem Abstand von Elektronen um-

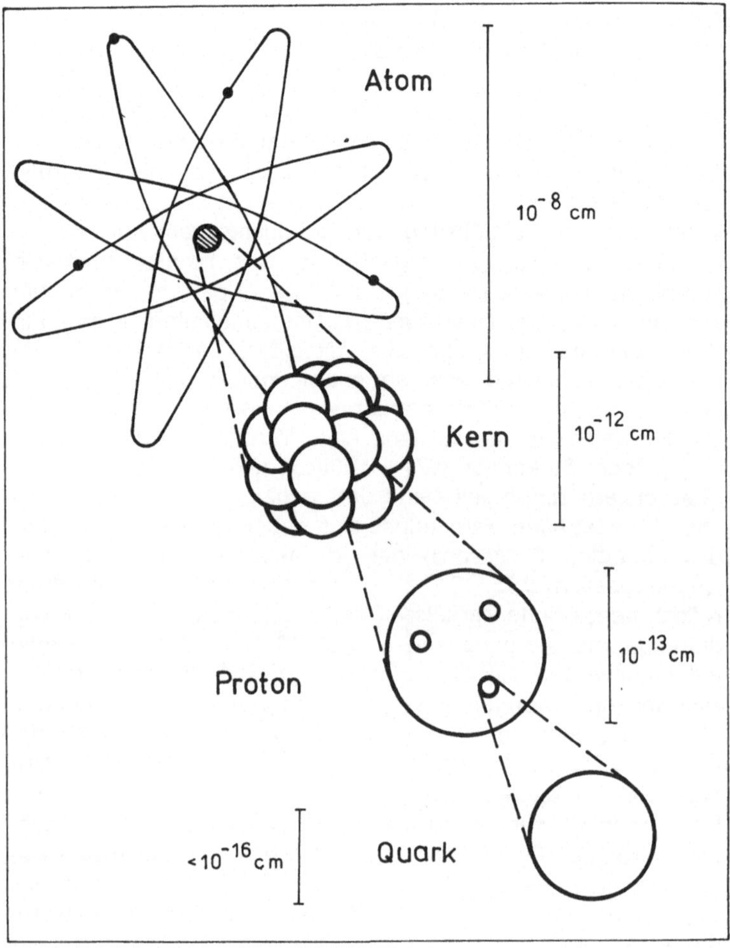

Abb. 13. Die Hierarchie der Teilchen

kreist wird. Der Kern seinerseits ist aus Protonen und Neutronen gefügt. Im Innern von Proton und Neutron trifft man auf noch kleinere Teilchen, die Quarks. Abb. 13 illustriert diese Teilchenhierarchie.

Die Quarks ebenso wie die Leptonen (zu denen das Elektron gehört) verhalten sich bei den heute erreichbaren Energien wie punktförmige Objekte, d. h., ihr Durchmesser liegt unter dem „Auflösungsvermögen" der heutigen Beschleuniger (10^{-16} cm). Sind Quarks und Leptonen ebenfalls zusammengesetzt? Es fehlt nicht an Versuchen, einige Meßergebnisse in diesem Sinne zu interpretieren. *Zwingende* experimentelle Befunde, die eine mögliche Substruktur dieser Teilchen beweisen, gibt es jedoch z. Z. noch nicht.

Fassen wir unsere Kenntnisse über Quarks und Leptonen noch einmal zusammen.

Wir kennen 6 Leptonen und 6 Quarks. Das bekannteste Lepton ist das Elektron. Es besitzt eine sehr kleine Masse: 0,5 MeV/c^2. Seine elektrische Ladung definiert die Elementarladung $q_0 = 1{,}602 \cdot 10^{-19}$ Coulomb, in deren Einheiten Teilchenladungen angegeben werden. Die elektrische Ladung des Elektrons beträgt laut Konvention -1. Dem Elektron zur Seite stehen 2 weitere geladene Leptonen, das μ und das τ, sowie 3 Arten von Neutrinos (ν_e, ν_μ, ν_τ), die elektrisch neutral sind und eine extrem geringe Masse besitzen (wenn sie überhaupt über Masse verfügen!). Zu jedem der 6 Leptonen gehört ein Antilepton.

Die 6 Quarks tragen die Bezeichnungen u (up), d (down), s (strange), c (charm), b (bottom) und t (top). Jedes der 6 Quarks existiert in 3 Ausführungen: „rot", „grün" und „blau". Genaugenommen beträgt die Zahl der Quarks daher nicht 6, sondern $6 \cdot 3 = 18$. Hinzu kommen genausoviel Antiquarks. Zählt man Leptonen und Antileptonen, Quarks und Antiquarks zusammen, so ergibt sich eine Gesamtzahl von $6 + 6 + 18 + 18 = 48$ elementaren Bausteinen oder *Strukturteilchen*[1].

Alle diese fundamentalen Bausteine besitzen halbzahligen Spin. Solche Teilchen werden auch als *Fermionen* bezeichnet, im Gegensatz zu den *Bosonen*, deren Spin ganzzahlig ist. Die elementaren Strukturteilchen sind also sämtlich Fermionen.

Quarks und Leptonen unterscheiden sich aber auch in einer

[1] Die Bezeichnung *Strukturteilchen* bezieht sich auf den Umstand, daß alle Strukturen des Universums letzten Endes auf diese Grundbausteine reduzierbar sind. Sie selbst erscheinen in den gegenwärtigen Experimenten, wie schon erwähnt, als *un*strukturierte Objekte.

Reihe von Eigenschaften. Leptonen nehmen im Gegensatz zu Quarks nicht an der starken Wechselwirkung teil. Die elektrische Ladung der Leptonen ist ganzzahlig, die Quarks hingegen tragen Bruchteile (⅓ bzw. ⅔) der Elementarladung. Weiterhin existieren die Leptonen als freie Teilchen, während man die Quarks nur als Konstituenten innerhalb von Hadronen nachweisen konnte.

Die Strukturteilchen werden gemeinhin in drei Generationen unterteilt. Tabelle 4 listet die Mitglieder der Generationen auf. Die Antiteilchen der Quarks und Leptonen sind dabei der Übersicht halber weggelassen. Die Zahlen in Klammern geben die Ladung an, die Indizes r, g, b bedeuten rot, grün, blau.

Die Teilchen der zweiten und dritten Generation wurden an Beschleunigern erzeugt bzw. werden als Konstituenten von an Beschleunigern erzeugten Hadronen angenommen. Um den Bau von Atomen und Atomkernen zu verstehen, benötigt man sie nicht. Die Struktur der uns umgebenden und formenden stabilen Materie erschließt sich hinlänglich aus den Mitgliedern der ersten Generation:

- u-Quarks und d-Quarks, die die Kernbausteine Proton (uud) und Neutron (udd) bilden,
- den um den Kern kreisenden Elektronen (e^-) sowie
- den Positronen (e^+), den Elektronneutrinos (ν_e) und Anti-Elektronneutrinos ($\bar{\nu}_e$), die neben den Elektronen beim radioaktiven β-Zerfall der Kerne entstehen.

Auch für das Verständnis der Kräfte, die zwischen den Strukturteilchen wirken, reicht dieser eingeschränkte Teilchensatz völlig aus. Bei der nun folgenden Diskussion des Kraftbegriffes werden wir uns daher, was die Strukturteilchen betrifft, auf deren erste Generation beschränken.

Tabelle 4. Leptonen und Quarks

	Leptonen	Quarks
Erste Generation	e^- (−1) ν_e (0)	d_r, d_g, d_b (−⅓) u_r, u_g, u_b (+⅔)
Zweite Generation	μ^- (−1) ν_μ (0)	s_r, s_g, s_b (−⅓) c_r, c_g, c_b (+⅔)
Dritte Generation	τ^- (−1) ν_τ (0)	b_r, b_g, b_b (−⅓) t_r, t_g, t_b (+⅔)

10. Teilchen als Botschafter der Kraft

Erinnern wir uns an die im 4. Kapitel beschriebene Suche nach einem Mittler der Kraft. Diese Suche führte zur Einführung des Feldbegriffs durch Faraday und wenig später zu der mathematischen Ausformung der Feldidee durch Maxwell.

Seitdem ist ein gutes Jahrhundert verflossen. Die Maxwellschen Gleichungen haben sich bei der Beschreibung aller bekannten elektromagnetischen Phänomene bewährt, von den galaktischen Magnetfeldern bis hinab zu den elektromagnetischen Feldern innerhalb der Atome. Allerdings legt mittlerweile die moderne Quantentheorie eine gewandelte Interpretation des klassischen Feldbegriffs nahe.

Während wir früher sagten, die Maxwellschen Gleichungen stellen die Ausbreitung elektromagnetischer Wellen dar, so zwingt uns der Welle-Teilchen-Dualismus jetzt, auch folgende äquivalente Formulierung zu akzeptieren: Die Maxwellschen Gleichungen beschreiben die Ausbreitung von elektromagnetischen Quanten, den Photonen, im Raum.

Während wir früher sagten, eine Ladung erzeugt ein Feld, das seinerseits auf eine andere Ladung wirkt, so formulieren wir heute in der Sprache der Quantenmechanik: Eine Ladung emittiert spezielle Mittlerteilchen, die anschließend von der anderen Ladung absorbiert werden. Der Vorteil, um dessentwillen der Feldbegriff vor anderthalb Jahrhunderten eingeführt wurde, bleibt erhalten: Auch in diesem Bild kommt man ohne die Annahme einer Fernwirkung aus. Die Wechselwirkung ist auf zwei „punktartige" Ereignisse reduziert: die Emission und die Absorption der Mittlerquanten.

Während wir früher die wechselseitige Beeinflussung von Körpern mit Feldlinien assoziierten, die sich wie Fäden von einer Ladung zur anderen spannen, so denkt man sich heute die Wechselwirkung von Teilchen eher wie ein Ballspiel. Die Ballspieler stellen die wechselwirkenden Elementarteilchen dar, der Ball übernimmt die Rolle des Mittlerquants. Läufer A wirft den Ball zu Läufer B. Dabei erhält A einen Rückstoß entgegen der Wurfrichtung, also von B fort. B seinerseits fängt den Ball und wird durch den dabei übertragenen Impuls von A fortgedrückt.

Das Ballspielergleichnis vermittelt das Bild einer *abstoßenden* Kraft. Für die Übertragung einer *anziehenden* Kraft durch Teil-

chenaustausch läßt sich keine so eingängige Übersetzung in einen Vorgang der Alltagswelt finden. Gleichwohl lassen sich mathematisch auch anziehende Kräfte durch den Austausch von Mittlerteilchen beschreiben. Die Theorien, die einen quantentheoretischen Formalismus für Felder einführen und damit auch den Austauschmechanismus mathematisch exakt fassen können, heißen *Quantenfeldtheorien*. Sie führen zu Erkenntnissen, die weit über das Wissen hinausreichen, auf dessen Fundament sie errichtet wurden. Es handelt sich also bei der Quanteninterpretation der Wechselwirkung im Sinne eines Teilchenaustauschs nicht einfach nur um eine anschaulichere Darstellung. Die Vorstellung von Teilchen als Botschafter der Kraft eröffnet vielmehr völlig neue Möglichkeiten der Behandlung der Wechselwirkung im submikroskopischen Bereich, ja, sie stellt einen regelrechten Umbruch im Verständnis der Kraft dar.
Betrachten wir als Beispiel einer Wechselwirkung durch Teilchenaustausch die elektrische Abstoßung zweier nahe aneinander vorbeifliegenden Elektronen. Dieser Vorgang ist schematisch in Abb. 14 beschrieben. Dabei hat man sich die Abszisse in Abb. 14 als Zeitachse, die Ordinate dagegen als Repräsentantin der drei räumlichen Koordinaten vorzustellen.
Die beiden Elektronen kommen einander näher, bis schließlich ein von dem in der Abbildung „oberen" Elektron emittiertes Photon auf das andere Elektron trifft und von diesem absorbiert wird. Der Austausch des Photons führt zur elektromagnetischen Abstoßung der Elektronen. Im Falle eines Elektrons und eines

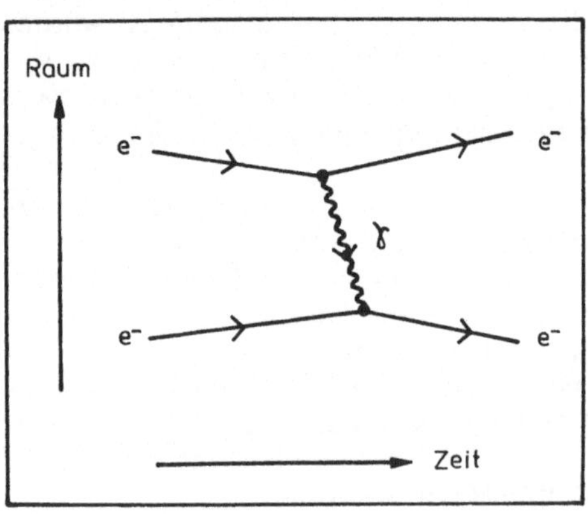

Abb. 14. Feynman-Diagramm für die Streuung zweier Elektronen aneinander

Positrons würde der Photonaustausch zu einer Anziehung führen. *Was* ein emittiertes Austauschteilchen im Endeffekt bewirkt, hängt also von der Ladung ab, auf die es trifft. Auf ein elektrisch neutrales Teilchen, das nicht aus geladenen Komponenten besteht (also etwa auf das Neutrino), würde ein Austauschphoton überhaupt keine Wirkung haben.
Darstellungen wie die in Abb. 14 gezeigte werden nach ihrem Erfinder als *Feynman-Diagramme* bezeichnet. Wie wir im folgenden sehen werden, sind sie weit hilfreicher und tragfähiger, als unser kleines Beispiel ahnen läßt.
Die Varianten der Quantenfeldtheorie, mit denen man heute die starke, die schwache und die elektromagnetische Kraft beschreibt, implizieren eine mathematische Eigenschaft, die als „Eichinvarianz" bezeichnet wird. Die entsprechenden Theorien werden daher auch häufig *Eichtheorien* genannt, ihre Mittlerteilchen *Eichbosonen*. Die Bezeichnung Eich*bosonen* deutet an, daß die Kraftmittler, im Gegensatz zu den fundamentalen Strukturteilchen, Spin 1 besitzen.

11. Kredit beim Vakuum

Jede Ladung emittiert und absorbiert fortlaufend Mittlerteilchen. Die Größe der Ladung ist dabei ein Maß für die Emissions- bzw. Absorbtionsaktivität.
Bisher haben wir nur die elektromagnetische Wechselwirkung und deren Feldquanten, die Photonen, betrachtet. Die elektromagnetische Kraft ist aber nur eine von vier Grundkräften. Es liegt nahe, auch die Übertragung von starken, schwachen und Gravitationskräften durch den Austausch von Teilchen zu beschreiben. Natürlich treten dabei an die Stelle der Photonen andere Teilchen mit völlig anderen Eigenschaften. Insbesondere ist die Masselosigkeit des Photons nicht Vorbedingung für die Rolle des Mittlerquants. Die Austauschteilchen der starken und schwachen Wechselwirkung etwa verfügen über beträchtliche Massen.
Damit wird ein auf den ersten Blick sehr ernstes Problem be-

rührt, das mit dem Austauschbild verbunden zu sein scheint: Der Austausch von Teilchen, insbesondere von massiven Teilchen, scheint die Erhaltungssätze für Energie und Impuls zu verletzen! Es ist ja keineswegs so, daß die Austauschteilchen sich im Innern ihrer Quellteilchen befinden und etwa bei Bedarf emittiert werden, wobei sie so etwas wie ein „Rumpfteilchen" zurücklassen. Nein, das Austauschteilchen wird erzeugt im strengen Sinne des Wortes. Die Identität der Elektronen in Abb. 14 bleibt dabei unverändert, beim Emissions- wie beim Absorptionsakt. Woher kommt aber die Energie, die benötigt wird, um das Photon zu erzeugen? Woher wird, für schwere Mittlerteilchen, die Energie genommen, die in der Masse der Teilchen steckt?

Die Erklärung des Rätsels liefert die Unschärferelation $\Delta E\,\Delta t \geqq \hbar$ (Kap. 6). Sie besagt, daß für einen auf das Zeitintervall Δt begrenzten Zustand die Energie mit einer Unschärfe von mindestens $\Delta E = \hbar/\Delta t$ behaftet ist. Die Relation setzt durchaus nicht die makroskopisch etablierten Erhaltungssätze für Energie und Impuls außer Kraft, aber sie läßt eine mikroskopische Hintertür zu deren kurzzeitiger Verletzung offen. Eine solche Verletzung bleibt nämlich unbemerkt, falls die Rechnung schnell genug wieder beglichen wird. Die Gesamtenergie des aus den beiden Elektronen bestehenden Systems in Abb. 14 ist nach der Absorption des Photons die gleiche wie vor seiner Emission. Lediglich während der kurzen Existenzphase des Photons ist sie um einen winzigen Betrag ΔE verändert. Das Unschärfeprinzip sagt aus, daß diese offensichtliche Verletzung des Energieerhaltungssatzes toleriert werden kann, solange nur die zeitliche Dauer Δt der Verletzung so kurz ist, daß $\Delta E\,\Delta t < \hbar$ gilt.[1]

Je größer also die Störung der Energiebalance, um so kürzer die erlaubte Dauer der Störung. Ein hochenergetisches Austauschphoton kann nur kurze Zeit überleben, ehe es wieder absorbiert wird. Ein niederenergetisches Austauschphoton hingegen kann sich für wesentlich länger (und damit auf einen weit größeren Abstand) von seiner Quelle entfernen, bevor die Energiebilanz wieder hergestellt werden muß.

Die minimale Energie, die ein Teilchen haben kann, ist die Energie die seiner Masse entspricht ($E = m\,c^2$). Daher ist die Reich-

[1] Obwohl sie zu quantitativen Voraussagen führt, ist die Argumentation, wie alle bildhaften Umschreibungen von Vorgängen der Quantenwelt, mit Vorsicht zu genießen. Insbesondere sollte sich der Leser hüten, diese Überlegung auf die Aussage „Der Energieerhaltungssatz ist verletzt" zu komprimieren. Für eine beobachtbare Verletzung der Energieerhaltung müßte ja gerade $\Delta E\,\Delta t$ *größer* als $\hbar$ sein.

weite eines Austauschteilchens umgekehrt proportional seiner Masse. Aus der unendlichen Reichweite der elektromagnetischen Kräfte wäre demnach auf eine Photonenmasse von exakt Null zu schließen. Ein analoger Schluß ist für die Gravitationskraft erlaubt. Andererseits deuten die kurzen Reichweiten von starker und schwacher Kraft darauf hin, daß deren Mittlerteilchen massiv sind.

Wie für den Kraftübertragungsprozeß selbst, so läßt sich auch für den Tatbestand der zeitweiligen Umgehung von Energie- und Impulserhaltung ein Bild, ein Gleichnis finden.

Das Gleichnis geht davon aus, daß der Energieerhaltungssatz nicht eigentlich verletzt ist, sondern die benötigte Energie *geborgt* wird. Als Kreditgeber fungiert dabei das *Vakuum*, das in der Quantenfeldtheorie weit mehr ist, als man es mit der Vorstellung des „leeren Raumes" verbindet. So kann z. B. aus dem Vakuum spontan, an jedem beliebigen Ort ein Elektron-Positron-Paar entstehen, um spätestens nach der vom Unschärfeprinzip diktierten Zeit wieder ins Vakuum zu verschwinden (Abb. 15a). Auch hier „leiht" das Vakuum die benötigte Energie. Mehr noch: Die erwähnten Teilchen, Elektron und Positron, können u. U. wechselwirken. Sie tauschen dabei während ihrer verschwindend geringen Lebenszeit ein Photon aus (Abb. 15b), auch das wieder „auf Pump".

Teilchen, die auf Kosten des Vakuums ihre kurze Existenz fristen, nennt man *virtuelle Teilchen*, im Gegensatz zu den *reellen Teilchen*. Die Photonen des Sonnenlichtes oder der Radiowellen, die völlig losgelöst von ihren Quellen und unbeschränkt in ihrer Lebensdauer den Raum durcheilen, sind reelle Teilchen,

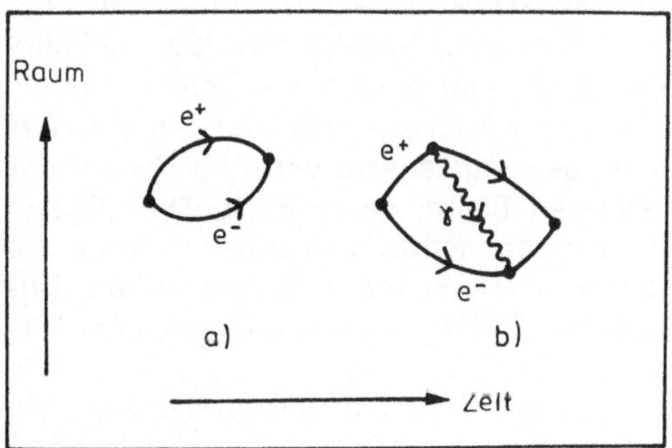

Abb. 15. Spontane Erzeugung und Vernichtung von Elektron-Positron-Paaren im Vakuum

ebenso natürlich die Protonen, Neutronen und Elektronen, aus denen die Atome geformt sind.
Das Vorhandensein von virtuellen Teilchen führt zu einem wesentlichen differenzierteren Bild des Universums. Das Vakuum, früher schlicht und einfach als „Nichts" gedacht, erweist sich als eine Welt voll kurz aufleuchtender Existenzen, die ihrerseits dem Vakuum eine gewisse Struktur zu geben vermögen. Diese Struktur hat tiefgreifende, experimentell überprüfbare Konsequenzen, wie anhand der Theorie des Elektromagnetismus gezeigt werden soll.

12. Die elektromagnetische Kraft im Quantenbild

Die erste der vier Grundkräfte, die durch eine bis ins Detail ausgearbeitete Theorie beschrieben werden konnte, war die elektromagnetische Kraft. Die Quantenfeldtheorie des Elektromagnetismus wird als *Quantenelektrodynamik* bezeichnet und mit QED abgekürzt.
Die QED, die im wesentlichen in den vierziger Jahren entwickelt wurde, ist die einfachste Eichtheorie und diente in gewisser Weise als Vorlage für die später geschaffenen, weit komplizierteren Beschreibungen der starken und der schwachen Kraft. In der QED gibt es nur ein Mittlerteilchen – das Photon. Das Photon ist masselos, elektrisch neutral, bewegt sich (per definitionem) mit Lichtgeschwindigkeit und besitzt den Spin 1. Die Ladungslosigkeit des Photons impliziert, daß die Ladung der Objekte, zwischen denen es ausgetauscht wird, im Verlauf der Wechselwirkung unverändert bleibt. Mehr noch: Die Objekte bewahren nicht nur ihre Ladung, sondern auch alle anderen, sie als ein bestimmtes Teilchen definierenden Eigenschaften. Das Photon vermag also nicht, ein Teilchen in ein völlig anderes Teilchen zu transformieren.
In welcher Weise modifiziert nun die Vakuumstruktur die QED?
Betrachten wir ein Elektron im Vakuum. Das Elektron ist von einer Wolke virtueller Photonen und virtueller Elektron-Positron-

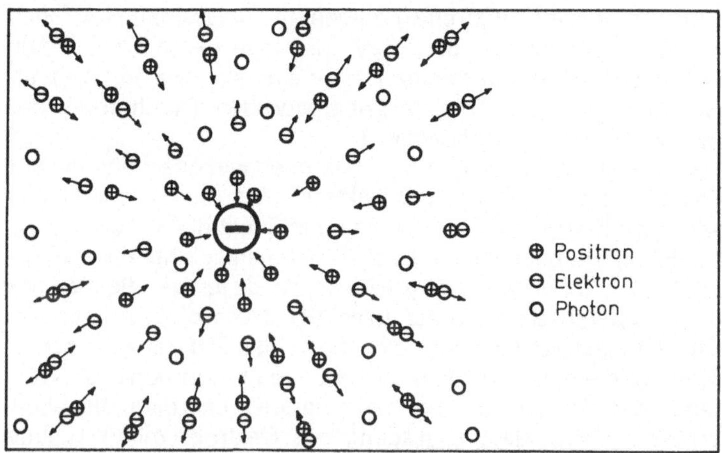

Abb. 16. Die Wolke virtueller Teilchen um ein Elektron: durch die Elektronladung polarisiert, schirmt sie diese teilweise ab

Paare umgeben. Da das Elektron negativ geladen ist, zieht es alle virtuellen Positronen in seiner Nachbarschaft an, während es die virtuellen Elektronen abstößt (Abb. 16). Die Elektron-Positron-Paare, hervorgebracht von dem das Elektron umgebenden Vakuum, werden *polarisiert*. Oder anders ausgedrückt: Das Elektron polarisiert das Vakuum! Dabei hüllt es sich auf kurze Distanz in eine Wolke positiver Ladung (Positronen), die einen Teil der elektrischen Ladung des Elektrons abschirmt.

Betrachtet man ein Elektron aus einer Entfernung, die groß ist im Vergleich zu dem polarisierten Vakuumbereich, so sieht man das Elektron und seine aus virtuellen Teilchen bestehende Wolke als eine Einheit. Was man als Elektronladung mißt, ist die abgeschirmte Ladung. Die Ladung eines „nackten" Elektrons (d. h. eines Elektrons ohne Vakuumpolarisationswolke) wird aus der QED als „unendlich" berechnet. Erst die Subtraktion der (ebenfalls unendlichen) Ladung der abschirmenden Wolke ergibt korrekt die gemessene Ladung.

Nur wenn man in die Polarisationswolke eindringt, vermag man zwischen den beiden Anteilen der nach außen wirksamen Ladung zu differenzieren. Eine solche Annäherung an das nackte Elektron kann man erreichen, indem man zwei Elektronen mit sehr hoher Energie aufeinanderschießt. Wir erinnern uns: je höher die Energie eines Projektils, um so feiner die Strukturen, die man mit seiner Hilfe auflösen kann. Zwei niederenergetische Elektronen „sehen" einander nur als verschwommene Materieklumpen. Aus einem Streuexperiment mit langsamen Elektronen bei Energien von wenigen MeV wird man deshalb keine Aufschlüsse über Strukturen, die kleiner sind als etwa 10^{-11} cm, erwarten können. (10^{-11} cm entspricht etwa dem Durchmesser des polarisierten Vakuumbereiches.)

Erst wenn man die Energie der Elektronen weiter erhöht und aus den gemessenen Bahnen der Elektronen auf die zwischen ihnen wirkende Kraft schließt, kann man den Effekt der Vakuumpolarisation explizit beobachten. Es stellt sich nämlich heraus, daß die tatsächlich wirksame Kraft größer ist als diejenige, die man aus dem Coulombschen Gesetz errechnet. Nach diesem Grundgesetz der Elektrostatik stoßen sich die beiden Elektronen mit einer Kraft ab, die dem Produkt ihrer Ladungen proportional ist. Während man für die Ladung bei niedrigen Energien die abgeschirmte Elektronladung (Ladung des Elektrons minus Ladung der Wolke) einzusetzen hat, wird bei hohen Energien ein größerer Teil der elektrischen Ladung des nackten Elektrons wirksam. Die beiden streuenden Elektronen sind dann Sonden vergleichbar, die die Teilchenwolken, in die sie eingebettet sind, durchdringen. Dabei beginnen sie, unabgeschirmt aufeinander zu wirken. Weil die Ladung des nackten Elektrons viel größer ist als jene des abgeschirmten Elektrons, muß die abstoßende Kraft in diesem Falle größer sein als die Kraft, die man aus dem Coulombschen Gesetz unter Benutzung der aus großer Entfernung gemessenen Elektronladung erhält.

Die beschriebenen Effekte der Vakuumpolarisation bei der gegenseitigen Streuung von Elektronen sind tatsächlich gemessen worden. Dieses ebenso wie andere Experimente bestätigen die Vorhersagen der QED auf etwa ein Tausendstel eines Prozentes. Damit gehören die entsprechenden Resultate zu den genauesten Verifizierungen einer wissenschaftlichen Theorie überhaupt. Insbesondere stellen sie eine überzeugende Demonstration der Vakuumpolarisation und ihres Einflusses auf die physikalisch wirksame elektromagnetische Kraft dar.

Daß die Rechnungen der QED auf solche Genauigkeit getrieben werden können, hängt mit der geringen Stärke der elektromagnetischen Kraft zusammen. In der Quantenphysik ist es üblich, die relative Stärke einer Wechselwirkung durch einen Parameter zu beschreiben, den man als Kopplungskonstante bezeichnet. Für starke Wechselwirkungen ist die Kopplungskonstante etwa 1, für elektromagnetische Kräfte dagegen viel kleiner: etwa $^1/_{137}$.

Die Kopplungskonstante der elektromagnetischen Wechselwir-

kung wird mit α (gelegentlich auch mit $\alpha_{e.m.}$) bezeichnet. Sie ist eine dimensionslose Zahl.
Die Kleinheit von α erweist sich als äußerst nützlich. Die sog. Quantenkorrekturen, die mit der Vakuumpolarisation zusammenhängen und der QED ihre exzellente Genauigkeit verleihen, sind nämlich Produkte aus ziemlich umfangreichen mathematischen Ausdrücken mit Potenzen von α ($\alpha = 0{,}00729735$; $\alpha^2 = 0{,}00005325$; $\alpha^3 = 0{,}00000039$; ...). Je komplizierter diese Ausdrücke, um so höher die Potenz von α, mit der sie multipliziert werden. Man kann also die Korrekturprozedur ohne merklichen Verlust an Genauigkeit bei einem bestimmten Kompliziertheitsgrad abbrechen, da die entsprechenden Beiträge aufgrund der Kleinheit von α sowieso auf eine verschwindende Größe „heruntermultipliziert" werden.
Das ist der Grund für die triumphalen Erfolge der QED bei der Beschreibung auch der feinsten Effekte in elektromagnetischen Prozessen. Selbst bei höchsten Energien der wechselwirkenden Teilchen hat man hier bis heute nichts entdecken können, was nicht durch den Austausch von Photonen unter Einschluß der Auswirkungen der Vakuumpolarisation erklärt werden kann. Man darf darum durchaus sagen, daß die elektromagnetische Kraft völlig verstanden ist, nicht nur innerhalb der klassischen Physik, sondern auch in subatomaren Dimensionen bis hinab zu etwa 10^{-16} cm.

13. Die starke Kraft

Das 5. Kapitel hat uns eine zunächst nur oberflächliche Bekanntschaft mit der starken Kraft vermittelt. Bringen wir uns die wesentlichen Charakteristika der starken Kraft in Erinnerung.
Der Wirkungsradius der auch als Kernkraft bezeichneten starken Wechselwirkung ist äußerst gering: rund 10^{-13} cm. Das entspricht dem Durchmesser von Atomkernen. In diesem Wirkungsbereich ist sie jedoch von enormer Stärke und übertrifft die elektromagnetische Kraft um etwa das Hundertfache. Die starke Kraft wirkt zwischen den als *Hadronen* bezeichneten Ele-

mentarteilchen, von *Leptonen* wird sie ignoriert. Insbesondere ist die starke Wechselwirkung für den Zusammenhalt von Protonen und Neutronen im Atomkern verantwortlich.
Bei der Suche nach den Gesetzen der starken Kraftfelder ging man von vornherein von einer Beschreibung mit Hilfe des Austauschs von Mittlerteilchen aus. Den ersten großen Schritt auf diesem Weg tat 1935 Hideki Yukawa, ein japanischer Theoretiker.
Yukawa fragte sich, wie das Mittlerteilchen der starken Kraft beschaffen sein müsse. Er ging vom Unbestimmtheitsprinzip und den in Kap. 11 angestellten Überlegungen aus. Danach muß für Lebensdauer Δt und Energie ΔE eines virtuellen Teilchens die Relation $\Delta t\, \Delta E < \hbar$ gelten. ($\Delta t\, \Delta E \geqq \hbar$ würde ja eine Verletzung des Energieerhaltungssatzes implizieren!) Δt können wir durch $\Delta x/v$ ersetzen. Δx ist die vom Teilchen zurückgelegte Distanz, v seine Geschwindigkeit. Setzt man für Δx die Reichweite der starken Kraft – 10^{-13} cm – ein, so stellt Δt die *maximale Lebensdauer* des virtuellen Teilchens und damit ΔE seine *minimale Energie* dar. Die kleinste Energie, die ein Teilchen besitzen kann, ist diejenige Energie, die seiner Ruhemasse entspricht ($E = mc^2$).
Mit $\Delta x = 10^{-13}$ cm liefert das Unschärfeprinzip also die *Masse* des Mittlerteilchens:

$$m \leqq \frac{\Delta E}{c^2} < \frac{c}{\Delta x} \hbar (1/c^2)$$
$$\doteq \frac{3 \cdot 10^{10}\,\text{cm} \cdot \text{s}^{-1}}{10^{-13}\,\text{cm}} 6{,}6 \cdot 10^{-22}\,\text{MeV} \cdot \text{s} \cdot (1/c^2) \approx 200\,\text{MeV}/c^2 .$$

Für v wurde hier der Grenzwert – die Lichtgeschwindigkeit c – eingesetzt. Die Masse des Trägers der starken Kraft muß demnach etwas kleiner als 200 MeV/c^2 sein.
Yukawas Vorhersage bestätigte sich glänzend. Nachdem man zunächst irrtümlich das μ-Lepton (Masse = 106 MeV/c^2) als das postulierte Teilchen ansah, fanden drei englische Physiker 1948 bei der Untersuchung kosmischer Strahlen die geladenen Yukawa-Teilchen (heute nennen wir sie π^+ und π^-). 1950 gelang es in einem Beschleunigerexperiment, auch deren neutralen Partner, das π^0, nachzuweisen. Masse ($\approx$ 140 MeV/c^2), Spin (0) und Ladungszustände (+1, −1, 0) entsprachen exakt den Forderungen der Theorie.
War damit das Problem der starken Wechselwirkung gelöst? Nur allzubald zeigte sich: nein! Verglichen mit der Genauigkeit der QED lieferte die Beschreibung der starken Wechselwirkung

durch Pion-Austausch nur qualitative, bestenfalls halbquantitative Resultate.
Der Grund dafür läßt sich am besten anhand eines Analogons verdeutlichen. Wir kommen dabei noch einmal auf den Atombau zurück. Atome, nach außen elektrisch neutral, sind elektromagnetisch gebundene Zustände aus positiven Kernen und negativen Elektronen. Da Atome als Ganzes keine elektrische Ladung tragen, sollten zwischen ihnen keine elektrischen Kräfte auftreten. Das stimmt jedoch nur, wenn der Abstand der Atome ihren eigenen Durchmesser ($\approx 10^{-8}$ cm) wesentlich übertrifft. Verkleinert man den Atomabstand, z. B. indem man ein Gas komprimiert, dann treten beträchtliche interatomare Kräfte auf.
Diese Kräfte werden dadurch erzeugt, daß die Ladungen innerhalb der Atome nicht alle an einem Punkt konzentriert, sondern auf das ganze Atom verteilt sind: innen der positive Kern, außen die negativen Elektronen. Das elektrische Feld, das die Elektronen auf ihrer Kreisbahn hält, ist hauptsächlich zwischen Elektron und Kern aufgespannt. Die Feldlinien treten aus einer Punktladung aber gleichmäßig in alle Richtungen aus. Darum strebt ein Teil der vom Elektron ausgehenden Feldlinien zunächst in die dem Kern entgegengesetzte Richtung, ehe dessen Ladung sie in das Atominnere zurückbiegt. Genau dieser aus dem Atom „herausschwappende" kleine Teil des *inner*atomaren elektrischen Feldes bewirkt die *inter*atomaren, abstoßenden Kräfte zwischen den Elektronenhüllen der Atome. Da die Kernladung die Feldlinien zu sich hin zwingt, fällt das nach außen wirksame Feld mit wachsendem Abstand sehr schnell ab und vermittelt das Erscheinungsbild einer kurzreichweitigen (10^{-8} cm) Kraft.
Was haben diese Kräfte nun mit den Kernkräften zu tun? Man stellt sich vor, daß die starke Kraft einen vergleichbaren Ursprung wie die interatomaren Kräfte hat. Sie ist demnach selbst nicht fundamental, sondern stellt nur den nach außen wirksamen Teil von viel stärkeren Feldern im Innern der Hadronen dar. Diese Felder sind zwischen den Hadronkonstituenten, den Quarks, aufgespannt. Wie bei den interatomaren Kräften erwartet man auch hier ein rapides Abfallen mit wachsender Entfernung. Das ist genau das, was man im Experiment beobachtet. Die starke Kraft verschwindet, wenn die Distanz zwischen den Hadronen 10^{-13} cm überschreltet.
Das geschilderte Analogon provoziert die folgende Frage: In welcher Hinsicht sind eigentlich die Hadronen als Ganzes immer „neutral"? Welche ladungsartige Eigenschaft, die sich nach außen aufhebt, könnte man den Quarks zuschreiben?

Nach dem im 8. Kapitel Gesagten drängt sich die Antwort förmlich auf: Die Quarks besitzen die Eigenschaft „Farbe". Drei Farben innerhalb der Baryonen bzw. eine Farbe und eine Antifarbe innerhalb von Mesonen kombinieren sich zu „weiß", so daß das Hadron als Ganzes farbneutral ist. Es liegt daher nahe, die aus ganz anderen Gründen eingeführte Farbquantenzahl als Farb*ladung* zu interpretieren und die zwischen den Farbladungen der Quarks wirksamen Kräfte als *Farbkräfte* zu bezeichnen.
Die Farbkraft ist die fundamentale Kraft, die starke Kraft nur ihr nach außen wirkender Teil. Eine theoretische Beherrschung der starken Wechselwirkung kann daher letztlich nur über das Verstehen der Farbkraft erwartet werden.
Die Quantenfeldtheorie der Farbkräfte entstand nach dem Vorbild der QED und wird als *Quantenchromodynamik* (QCD) bezeichnet. Das Präfix „Chromo" steht dabei für das griechische *chroma* ≙ Farbe. Wie in der QED wird die Wechselwirkung zwischen zwei Teilchen auch hier durch den Austausch eines dritten Teilchens bewerkstelligt. Während die QED aber mit einem Mittlerteilchen, dem Photon, auskommt, benötigt die QCD acht Trägerteilchen. Sie werden *Gluonen* (engl. glue ≙ Leim) genannt. Die Gluonen sind die Träger der Farbkraft. Sie sind – wie das Photon – masselos. Im Unterschied zum Photon, das zwar die elektromagnetische Kraft vermittelt, selbst aber elektrisch neutral ist, tragen einige der Gluonen Farbladungen. Ihre Funktion geht daher über die bloße Kraftübertragung hinaus: Gluonen können auch die Farbe der Quarks ändern. Sie können z. B. ein rotes Quark in ein blaues Quark umwandeln, indem sie die Farbladungen „blau" und „antirot" auf das ursprünglich rote Quark übertragen.
Für drei Farbzustände – rot, grün und blau – gibt es die folgenden Transformationsmöglichkeiten:

rot → grün	grün → rot	blau → rot
rot → blau	grün → blau	blau → grün
rot → rot	grün → grün	blau → blau

Den oberen 6 Transformationen entspricht jeweils ein Gluon. Die letzten 3 Transformationen, die die Farbe des Quarks nicht verändern, lassen sich im Rahmen des mathematischen Formalismus der QCD auf 2 farbneutrale Gluonen reduzieren. Damit erhält man insgesamt 8 Gluonen.
Die beschriebenen Farbtransformationen lassen sich mit Hilfe gruppentheoretischer Methoden mathematisch erfassen. Die Transformationsgruppe, die das Fundament der QCD bildet, heißt SU(3). Die „3" bezieht sich auf den Umstand, daß die Chro-

modynamik drei Ladungen – sowie drei Antiladungen – kennt: rot, blau, grün und antirot, antiblau, antigrün. Die QCD ist also eine SU(3)-Theorie.
Wie läßt sich nun ein konkreter Prozeß zwischen stark wechselwirkenden Teilchen durch Farbkräfte darstellen? Abbildung 17 zeigt in der Sprache der Feynman-Diagramme den Übergang vom Pion-Austausch-Bild zum Gluon-Austausch. Als Beispiel wurde die Streuung eines Protons an einem Neutron gewählt, wobei im dargestellten Fall das Proton in ein Neutron, das Neutron dagegen in ein Proton übergeht. Die Übertragung einer Ladungseinheit vom oberen auf den unteren Knotenpunkt wird in Abb. 17a durch ein π^+ bewerkstelligt. Abb. 17b zeigt das von der QCD gelieferte Bild. Danach gibt das Proton ein u-Quark nach „unten" ab, das Neutron ein d-Quark nach „oben". Da ein nach oben gehendes d mathematisch einem nach unten gehenden Anti-d ($\bar{d}$) entspricht, ist dieser Prozeß der Übertragung eines $u\bar{d}$-Paares (und das ist gerade ein π^+!) vom Proton auf ein Neutron äquivalent.
Der Quarkaustausch ist aber nicht die letzte Ursache der Kraftwirkung, sondern nur die Folge des Gluonaustauschs zwischen den Quarks. Die Gluonen wandern unentwegt zwischen den Quarks hin und her und lenken sie dabei in der dargestellten Weise ab. Dabei ist die Wechselwirkung selbst auf die Knotenpunkte zwischen Gluonen und Quarks beschränkt. Knotenpunkte zwischen Quarks (d. h. die Emission oder Absorption eines Quarks durch ein anderes Quark) gibt es nicht.

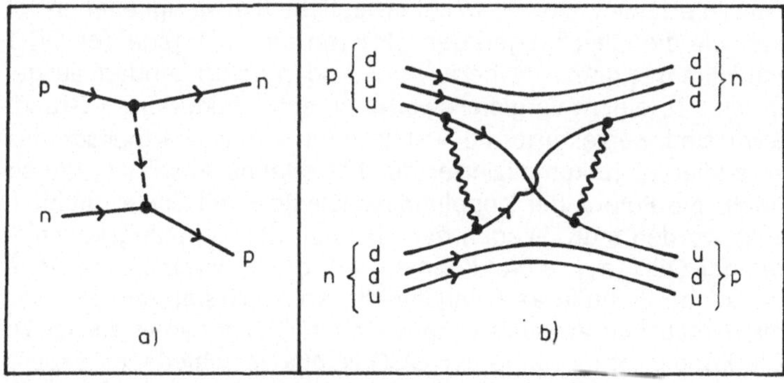

Abb. 17. Vom Yukawa-Modell (a) zur QCD (b).
Die durchgezogenen Linien in b) bezeichnen Quarks, die gewellten Linien Gluonen

14. Asymptotische Freiheit und Infrarotsklaverei

Die spektakulärste Aussage der QCD ist zweifellos das Verbot freier, nicht in Hadronen gebundener Quarks. Dieses Verbot ist eine Konsequenz der Farbladung der Mittlerteilchen der QCD.
Wie in Kap. 12 erklärt, ist ein Elektron im Vakuum von einer Wolke virtueller Photonen und virtueller Elektron-Positron-Paare umgeben. Die letzteren werden polarisiert und schirmen dabei einen Teil der „nackten" Elektronladung ab.
Der gleiche Mechanismus führt in der QCD zur Herausbildung einer Wolke virtueller Gluonen und virtueller Quark-Antiquark-Paare um ein Quark. Die Quark-Antiquark-Paare werden polarisiert wie die Elektron-Positron-Paare in der QED: die virtuellen Antiquarks sammeln sich bevorzugt in der Nähe des reellen Quarks und zeigen die Tendenz, dessen Ladung zu kompensieren. Die virtuellen Gluonen haben aber den entgegengesetzten Effekt. Die beherrschende Farbladung der Gluonen in der Nähe des reellen Quarks ist mit dessen Farbladung identisch. Die Anzahl der virtuellen Gluonen übertrifft bei weitem die Zahl der Quark-Antiquark-Paare, so daß der Einfluß der Gluonpolarisation den Gesamteffekt der virtuellen Wolke bestimmt. Das Ergebnis ist, daß die Farbladung des Quarks nicht abgeschirmt wird, sondern sich im Gegenteil in den Raum hinein verstärkt.
Bei dem Versuch, den geschilderten Einfluß der Gluonen quantitativ zu erfassen, stößt man auf erhebliche Schwierigkeiten. Ähnlich wie die Gleichungen der QED werden auch jene der QCD mit Hilfe geeigneter Näherungsmethoden gelöst. Anders ausgedrückt: Zu einem vergleichsweise einfach strukturierten Grundterm sind Korrekturterme wachsenden Kompliziertheitsgrades zu addieren. Je komplizierter der betreffende Ausdruck, um so höher die Potenz der Kopplungskonstanten, mit der er multipliziert werden muß. Wegen der Kleinheit der Kopplungskonstanten der QED ($\alpha_{e.m.} \approx 1/137$) konnten dort die höheren Terme ohne merkliche Einbuße an Genauigkeit vernachlässigt werden: Das mathematische Verfahren „konvergierte". Nicht so in der QCD. Die Kopplungskonstante der QCD ist aus verschiedenen Experimenten zu $\alpha_s = 0{,}2 \ldots 0{,}4$ bestimmt worden. Sie ist also viel größer als $\alpha_{e.m.}$. Daher ist es bis jetzt nicht gelungen, die QCD-Gleichungen exakt zu lösen.

Die groben Näherungsrechnungen, die mit enormem Zeitaufwand an Hochleistungscomputern durchgeführt werden, ergeben das folgende qualitative Resultat: Die Farbkräfte zwischen den Quarks fallen mit wachsendem Abstand nicht ab (wie etwa die elektromagnetische Kraft), sondern bleiben annähernd konstant. Die Kraft zwischen zwei Quarks in 10^{-12} cm Abstand ist demzufolge genausogroß wie bei 1 cm Abstand. Im Prinzip wäre es vorstellbar, ein Quark aus einem Proton 1 cm herauszuziehen. Da aber die erforderliche Arbeit gleich dem Produkt aus Kraft und Weg ist und die äußerst starke Farbkraft mit wachsender Distanz *nicht* abfällt, müßte man dafür eine für subatomare Maßstäbe unglaubliche Energie aufbringen. Sie entspricht in etwa der Energie, die man benötigt, um eine Tonne einen Meter hoch zu heben.

Damit ist klar, daß man ein Quark prinzipiell nicht aus einem Hadron herauslösen und dann in Ruhe untersuchen kann. Freie Quarks kann es – so die QCD – nicht geben!

Die Farbkräfte erlauben es den Quarks nicht, sich auf große Distanzen voneinander zu entfernen. Große Abstände werden in der Physik gelegentlich als „infrarote Abstände" apostrophiert (in Analogie zum Spektrum der elektromagnetischen Wellen, wo das Infrarot einen Bereich mit *großen* Wellenlängen umschreibt). Die stark zunehmende Bindung der Quarks beim Versuch, sich auf größere gegenseitige Distanz zu begeben, wird daher auch als *Infrarotsklaverei* bezeichnet.

Der Infrarotsklaverei steht die *ultraviolette* oder *asymptotische Freiheit* gegenüber. Für kleine Quarkabstände kehrt sich der Effekt der Gluonwolke nämlich um. Anstatt zu wachsen (wie die elektromagnetische Kraft in der QED), sinkt die wirksame Farbkraft zwischen zwei Farbladungen, sobald diese einander näher als 10^{-13} cm kommen. Die Quarks scheinen die Ketten der Farbkraft nicht mehr zu spüren und beginnen, sich wie freie Teilchen zu bewegen.

Wir hatten vorhin geschrieben, daß es im Prinzip vorstellbar sei, ein Quark 1 cm aus einem Hadron herauszuziehen – wenngleich unter gewaltigem Energieaufwand. Es hat sich aber gezeigt, daß dieses Experiment grundsätzlich nicht gelingen kann. Nehmen wir an, wir versuchen, durch entsprechende Energiezufuhr das Quark und das Antiquark eines Mesons voneinander zu trennen. Dabei arbeiten wir gegen das Farbfeld an, das sich zwischen den beiden Objekten aufspannt. Bildlich gesprochen, pumpen wir die Energie in einen sich immer länger dehnenden Gluonen„schlauch" zwischen den beiden Quarks (Abb. 18). Daß das

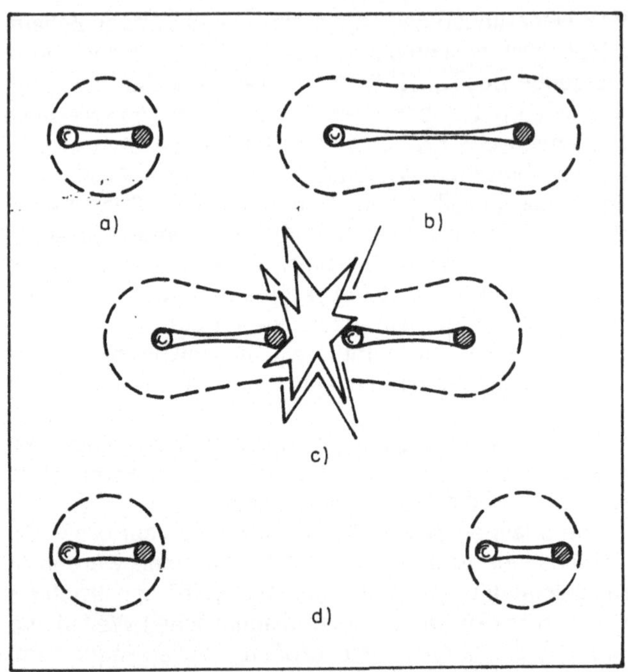

Abb. 18. Ein Meson wird „aufgebrochen". Im Ergebnis entstehen zwei neue Mesonen. Sie lassen sich leicht voneinander trennen, da zwischen ihnen keine Farbkraft mehr wirkt

ein Sisyphus-Unterfangen ist, wissen wir inzwischen. Die Konstanz der Farbkraft mit wachsendem Abstand würde es niemals erlauben, daß das Gluonband immer schwächer wird – um schließlich unter Zurücklassung zweier freier Quarks zu zerreißen. Statt dessen geschieht folgendes.

Wenn die aufgewendete Energie die doppelte Quarkmasse überschreitet, wandelt sie sich in Masse um. Das Gluonband zerreißt, und an der Rißstelle entsteht ein (reelles) Quark-Antiquark-Paar. Das neu erzeugte Quark verbindet sich mit dem schon vorhandenen Antiquark zu einem Meson, das neu erzeugte Antiquark formt mit dem alten Quark ebenfalls ein Meson. Statt zweier freier (oder zumindest weit voneinander entfernter) Quarks haben wir zwei Mesonen vor uns (Abb. 18d).

Hadronen lassen sich also nicht in einzelne Quarks aufbrechen – im Gegensatz etwa zu Molekülen, Atomen oder Atomkernen, die ja ohne weiteres in individuelle Komponenten zerlegbar sind. Um Atome aus einem Molekül zu lösen, braucht man weniger als ein Milliardstel ihrer Massenenergie. Um Hadronen aus einem Atomkern zu schlagen, muß man schon etwa ein Prozent der Massenenergie der Hadronen aufwenden. Die Bindungsenergie von Quarks innerhalb von Hadronen ist aufgrund des Charakters der Farbkraft viel größer. Quarks lassen sich nur mit Energien von der Größenordnung ihrer eigenen Masse trennen – um sich mit Hilfe eben dieser Energie gleich wieder einen neuen Partner zu schaffen ...

Der Begriff der Teilbarkeit, wie er uns aus der Alltagswelt vertraut ist, stößt damit an seine Grenze. Auch die Vorstellung von kleinsten Teilchen, die losgelöst von ihrer Umgebung existieren können, ist nicht mehr brauchbar. Teilchen und Felder, Quarks und die Gluonen als Träger der Farbkraft bilden eine Einheit. Sie sind Ingredienzien der Hadronen, die sie formen, und untrennbar mit ihnen verbunden.

Das in Abb. 18 illustrierte Gedankenexperiment ist in etwas abgewandelter Form tatsächlich durchführbar, und zwar mit Hilfe hochenergetischer Elektron-Positron-Stöße. Dabei werden Elektronen und Positronen gegenläufig beschleunigt und dann frontal aufeinandergeschossen. Die beiden Teilchen annihilieren (d. h. vernichten sich) in „reine" Energie, die sich ihrerseits in massive Teilchen verwandelt, z. B. in ein Quark-Antiquark-Paar. Damit ist die Ausgangssituation von Abb. 18 reproduziert. Da nur ein geringer Teil der Primärenergie in die Massen der Sekundärteilchen transformiert wird, fliegen diese mit großer Gewalt voneinander fort. Wenn sie weit genug auseinandergestrebt sind, werden neue Quark-Antiquark-Paare erzeugt, wie in Abb. 18c gezeigt. Auch die neuen Paarungen werden von der noch längst nicht aufgebrauchten kinetischen Energie auseinandergerissen, und der Quark-Erzeugungsprozeß wiederholt sich. Am Ende beobachtet man ganze Bündel von Mesonen, die jeweils in die Richtung „ihres" ursprünglichen Quarks bzw. Antiquarks fliegen. Abb. 19 zeigt ein solches Ereignis. Es wurde mit Hilfe des Drahtkammerdetektors TASSO am Hamburger e^+e^--Speicherring PETRA aufgenommen. Fast könnte man sagen, daß man die Quarks *sieht*, wenn auch nur über ihre mesonischen Fragmente.

Experimentelle Resultate wie dieses bestätigen die Modellvorstellungen der Quantenchromodynamik, die in den beiden vorhergehenden Kapiteln umrissen wurden. Die Charakteristika der Bündel in Abb. 19 (Breite, Teilchenanzahl usw.) lassen sich sogar quantitativ recht gut reproduzieren.

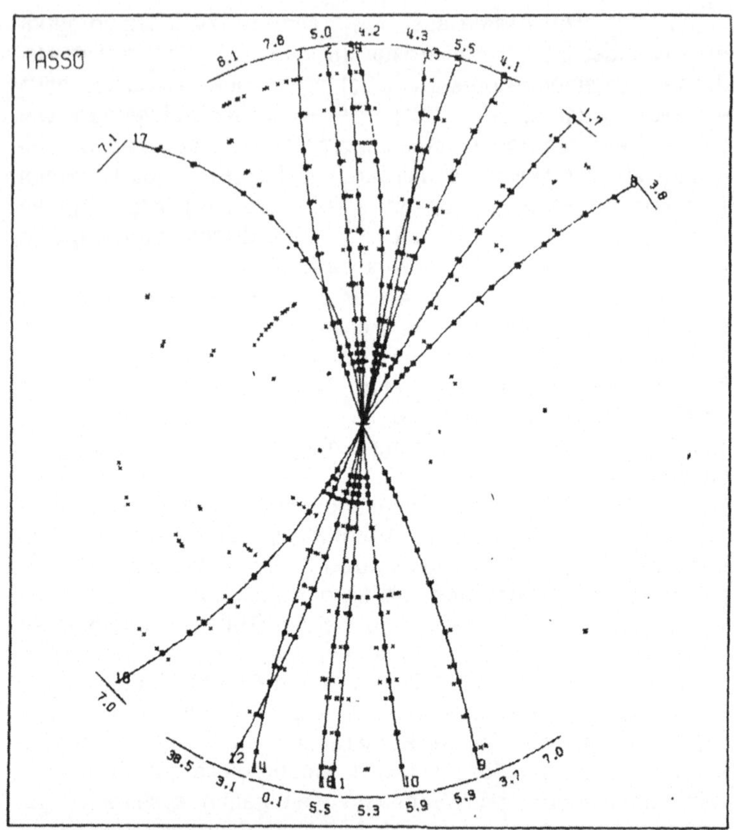

Abb. 19. Erzeugung eines Quark-Antiquark-Paares in einem Elektron-Positron-Stoß und die anschließende Auffächerung in Mesonen.
e^+- und e^--Strahl verlaufen senkrecht zur Bildebene, die Drahtkammern sind zylinderförmig um das Strahlrohr angeordnet. Die Kreuze bezeichnen die Position von Drähten, die ein Signal geliefert haben. Ein Computer hat daraus die Mesonbahnen (Linien) und ihre aus der Krümmung im Magnetfeld ableitbaren Impulse (Zahlen) berechnet

Rechentechnisch außerordentlich aufwendige Verfahren erlauben es darüber hinaus seit wenigen Jahren, die mit der großen Kopplungskonstanten der Farbkraft verbundenen mathematischen Probleme teilweise zu umgehen. Die QCD konnte dadurch mit Erfolg auch auf Systeme angewandt werden, in denen die Quarks nicht permanent sehr dicht ($< 10^{-14}$ cm) aufeinandersitzen, z. B. auf die Hadronen und ihre Massenwerte. Sicherlich ist die QCD noch nicht so bündig ausformuliert und abgesichert wie beispielsweise die QED. Die stürmischen Fortschritte auf experimentellem wie auf theoretischem Gebiet untermauern die Chromodynamik jedoch zunehmend. So darf man denn auch ohne Zögern die QCD als *den* Anwärter auf eine korrekte Theorie der Farbkraft und damit der starken Wechselwirkungen bezeichnen.

15. Schwache Wechselwirkungen – die Natur dreht links!

Zur Illustration der bisher beschriebenen Kräfte boten sich Systeme an, die durch eben diese Kräfte zusammengehalten werden. Das Sonnensystem verdankt seine Existenz der Gravitationskraft; Elektronen werden durch die elektromagnetische Kraft gezwungen, um den Kern zu kreisen; die Kernteilchen im Innern des Kerns werden durch die starke Kraft, die Quarks im Innern der Kernteilchen durch die Farbkraft aneinandergeleimt.

Anders die schwache Kraft. Es gibt kein Gebilde, für das die schwache Kraft das „Bindemittel" darstellt. Der bekannteste schwache Prozeß ist im Gegenteil ein Zerfallsprozeß: der Zerfall des Neutrons in ein Proton, ein Elektron und ein Antineutrino.

Schwach ist kein Synonym für unbedeutend. Diese Feststellung wird unterstrichen durch die Rolle, die die schwache Kraft im Universum spielt.

Im gegenwärtigen Entwicklungsstadium des Alls sind es vor allem die Sterne, deren Lebensrhythmus durch die schwache Wechselwirkung determiniert wird. Die Energieabgabe der Sterne beruht auf Prozessen, in denen leichtere in schwerere Kerne umgewandelt werden, wie etwa:

$p + p \rightarrow D + e^+ + \nu_e \qquad p + D \rightarrow {}^3He + \gamma$

${}^7Be + e^- \rightarrow {}^7Li + \nu_e$ usw.

In allen der bekannten Reaktionszyklen taucht an mindestens einer Stelle ein Prozeß auf, bei dem ein Neutrino ausgesandt wird. Neutrinos sind (siehe Kap. 7) nur schwacher Wechselwirkungen fähig, folglich liegt den betreffenden Reaktionen die schwache Kraft zugrunde.

„Schwach" bedeutet in unserem Zusammenhang „selten":

– Es müssen Milliarden kosmischer Neutrinos den Erdball durchqueren, ehe der rare Fall einer Wechselwirkung eintritt.

– An Beschleunigern werden Billionen von künstlich erzeugten Neutrinos in kilotonnenschwere Nachweisgeräte gelenkt, um einige wenige Ereignisse registrieren zu können.

– Elementarteilchen, die über die schwache Wechselwirkung zerfallen, tun dies *selten* im Vergleich zu elektromagnetisch oder gar stark zerfallenden Teilchen; oder anders ausgedrückt: Die Lebensdauern schwach zerfallender Teilchen sind groß (von 10^{-8} s bis zu mehreren Minuten) im Vergleich zu den Zeiten, die für elektromagnetische oder starke Zerfälle typisch sind (10^{-16} bzw. 10^{-23} s).

– Die schwachen Prozesse in den Reaktionszyklen der Sonne sind, für sich genommen, *seltener*, als es die anderen Zyklusschritte vom Prinzip her sein könnten. Andererseits wird aber der sog. Proton-Proton-Zyklus durch die oben erwähnte Reaktion $p + p \rightarrow D + e^+ + \nu_e$ *eingeleitet*. Die folgenden Prozesse bauen auf dieser Reaktion auf und können darum nicht eher ablaufen, bis der erste Schritt zu Ende geführt ist – und wenn das im Mittel Jahre oder Jahrmillionen dauert! Die Geschwindigkeit, mit der die Sonne abbrennt, wird also durch die langsamen Glieder in den Reaktionsketten bestimmt, durch die schwachen Prozesse. Wären alle Sonnenreaktionen plötzlich nur noch durch die elektromagnetische und die starke Kraft bestimmt, dann würde sich unser Zentralgestirn innerhalb von Augenblicken in einer gewaltigen Explosion verzehren. Der Lebensrhythmus der Sterne, von der schwachen Wechselwirkung auf Jahrmillionen geregelt, würde auf Bruchteile von Sekunden zusammenschrumpfen – ein glücklicherweise nur hypothetischer Fall ...

Der Charakter der schwachen Kraft ist eng mit der *Spinquantenzahl* verknüpft, die wir in Kap. 7 eingeführt haben. Man kann sich die Teilchen als um ihre eigene Achse rotierend vorstellen, wie die Erde oder wie einen Kreisel. Der Spin ist dann der Eigendrehimpuls der kreisenden Objekte. Er wird durch einen Vektor entlang der Drehachse dargestellt. Es hat sich gezeigt, daß alle Quarks und Leptonen den gleichen Spinbetrag haben. Er beträgt $\frac{1}{2}$, gemessen in Einheiten der Planck-Konstanten $\hbar$. In einem Magnetfeld richten sich die Spins nach den Feldlinien aus. Für Spin-$\frac{1}{2}$-Teilchen beträgt der Winkel zwischen Spin-Vektor und Magnetfeld entweder 0° oder 180°. Der Spin von Quarks oder Leptonen kann demnach im Magnetfeld die Werte $+\frac{1}{2}$ oder $-\frac{1}{2}$ annehmen.

Im Jahre 1957 folgte die Physik-Professorin C. S. Wu einem Vorschlag ihrer Kollegen T. D. Lee und C. N. Yang und führte am National Bureau of Standards in New York das folgende, inzwischen „klassisch" gewordene Experiment durch. Frau Wu und ihre Mitarbeiter kühlten eine kleine Menge Cobalt-60 auf extrem tiefe Temperaturen ab und legten gleichzeitig ein starkes Magnetfeld an. Der Cobaltkern besitzt einen Spin, der sich aus der vektoriellen Addition der Einzelspins der 60 Nukleonen im Kern ergibt. Im Normalfall sind die Achsen der Kernspins völlig ungeordnet. Erst die erwähnten experimentellen Bedingungen zwingen die Spinachsen in eine einheitliche Richtung: in die des Magnetfeldes. Das Cobalt ist dann *polarisiert.*
Cobalt-60 ist radioaktiv und unterliegt dem folgenden schwachen Zerfall:
$^{60}\mathrm{Co} \rightarrow {}^{60}\mathrm{Ni} + e^- + \bar{\nu}_e$.
Frau Wu maß die Zahl der Elektronen, die längs der magnetischen Feldrichtung bzw. entgegengesetzt dazu emittiert wurden. Sie stellte fest, daß die meisten Elektronen entgegengesetzt zur Richtung des Magnetfeldes und damit auch des Kernspins ausgesandt wurden. Das war genau das, was Lee und Yang als denkbares Versuchsergebnis vorhergesagt hatten. Sie hatten eine *Verletzung der Spiegelsymmetrie* in Prozessen der schwachen Wechselwirkung für möglich gehalten.
Früher glaubte man, daß alle Gesetze der Physik eine vollkommene Symmetrie von rechts und links aufweisen. Wenn eine bestimmte Wechselwirkung möglich war, so sollte auch ihr genaues Spiegelbild existieren. Im Spiegel betrachtet, sollte jeder Prozeß genauso ablaufen wie in der Natur. Die Links-Rechts-Symmetrie wird in der Physik als Paritätssymmetrie oder häufig auch kurz als *Parität* bezeichnet. Inwieweit deutete nun der Cobalt-60-Versuch auf eine Paritätsverletzung hin? Abb. 20 soll helfen, diese Frage zu klären.
Rechts ist einer der realen, im Experiment untersuchten Cobaltkerne gezeigt. Unter Emission eines Antineutrinos (in der Abbildung nicht eingezeichnet) und eines Elektrons zerfällt er in Nikkel-60. Das Elektron fliegt vorzugsweise entgegen der Richtung des Spinvektors (dicker Pfeil), im gezeigten Falle also nach unten. Wie sieht das ganze im Spiegel aus? Oben und unten wechseln im Spiegel nicht; die Elektronen werden daher auch im Spiegel meist nach unten ausgesandt. Was sich ändert, ist der *Drehsinn* des Cobaltkerns. Das kann man selbst überprüfen. Man beschreibe vor einem Spiegel mit der Hand eine horizontale Kreisbewegung in Uhrzeigerrichtung. Im Spiegel sieht man

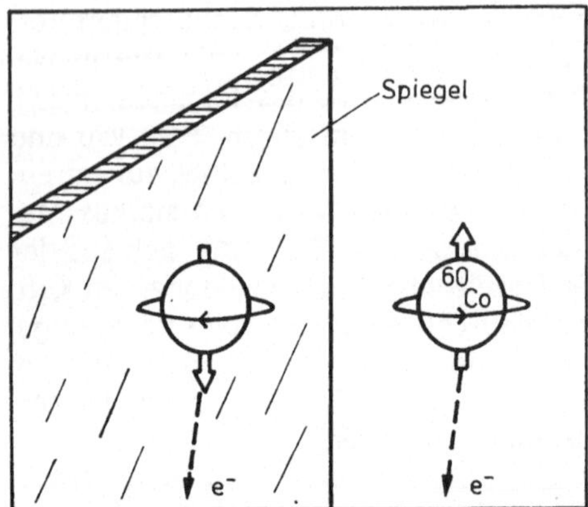

Abb. 20. Paritätsverletzung im β-Zerfall von Co-60.
Spin und bevorzugte Elektronrichtung, im Experiment antiparallel, sind im Spiegel parallel. Nur wenn 50 % der Elektronen nach oben und 50 % nach unten flögen, entsprächen die Verhältnisse im Spiegel jenen in der Natur, und die Spiegelsymmetrie wäre gewahrt

dann eine Bewegung entgegen dem Uhrzeigersinn! Einer Änderung des Drehsinns entspricht ein in die umgekehrte Richtung weisender Spinvektor.[1] Im Spiegel klappt also der Spinvektor nach unten um. Anders als in der realen Welt stimmen darum die bevorzugte Emissionsrichtung der Elektronen und die Richtung des Kernspins in der Spiegelwelt überein.

Das steht im krassen Widerspruch zur Links-Rechts-Symmetrie der Natur. Schwache Wechselwirkungen, im Spiegel beobachtet, laufen anders ab als in der Wirklichkeit. Diese Aussage wurde in der Folgezeit in vielen Versuchen erhärtet.

Der Schlüssel zur Paritätsverletzung in schwachen Wechselwirkungen liegt bei den Neutrinos. Neutrinos haben, als Mitglieder der Leptonenfamilie, Spin ½. Wie erwähnt, können Spin-½-Teilchen in bezug auf gewisse vorgegebene Richtungen nur zwei Orientierungen einnehmen. Dabei kann es sich z. B. um die Richtung eines äußeren Magnetfeldes handeln, wie in dem Experiment von Frau Wu. Aber auch einem völlig unbeeinflußt fliegenden Teilchen läßt sich eine entsprechende Bezugsrichtung

[1] Der Spinvektor selbst wird nicht gespiegelt. Er repräsentiert ja nicht die Fortbewegung irgendeines Objektes in die von ihm bezeichnete Richtung, sondern ist nur Ausdruck des Drehsinns und mit diesem im Sinne einer Rechtsschraube verknüpft.

zuordnen, und zwar die Richtung, in die es fliegt. Der Spinvektor eines bewegten Spin-½-Teilchens kann entweder in Bewegungsrichtung deuten oder entgegengesetzt dazu. Im ersten Fall bezeichnet man den Zustand des Teilchens als *rechtshändig*. Wenn die Finger der rechten Hand im Drehsinn um das Teilchen gekrümmt werden, dann zeigt nämlich für rechtshändig polarisierte Teilchen der Daumen in Bewegungsrichtung. Im zweiten Fall würde der Daumen der *linken* Hand die Flugrichtung angeben, und so wird der entsprechende Zustand *linkshändig* genannt.

Im allgemeinen kann man die „Händigkeit" eines Teilchens umkehren, indem man es – ohne den Spin zu ändern – einfach zur Ruhe bringt und dann in die entgegengesetzte Richtung beschleunigt. Die meisten Teilchen können daher sowohl im linkshändigen wie auch im rechtshändigen Zustand existieren. Eine Ausnahme bilden die masselosen Teilchen. Sie müssen sich der Speziellen Relativitätstheorie zufolge immer mit Lichtgeschwindigkeit bewegen und können prinzipiell nicht zur Ruhe gebracht werden. Daher kann auch eine einmal vorgegebene Händigkeit dieser Objekte niemals wechseln.

Die einzigen Spin-½-Teilchen, die möglicherweise masselos sind, sind die Neutrinos. Tatsächlich zeigte die sorgfältige Analyse vieler Experimente, daß das Neutrino ausnahmslos als linkshändiges Teilchen auftritt. Antineutrinos sind dagegen immer rechtshändig. Die räumliche Asymmetrie der Elektronen in dem Cobalt-60-Experiment ist eine direkte Konsequenz ihrer Begleitung durch rechtshändige Antineutrinos. Wo immer ein Neutrino an einer Reaktion teilnimmt, ist wegen seiner fixierten Händigkeit die Links-Rechts-Symmetrie gebrochen. Die Paritätsverletzung, die durch die Neutrinos in die Gesetze der schwachen Wechselwirkung „eingeschleust" wird, schlägt auch auf solche schwachen Prozesse durch, an denen Neutrinos nicht direkt teilnehmen. Die schwache Kraft führt also generell zu einer Verletzung der Spiegelsymmetrie.

Die geladenen Leptonen und die Quarks können, wie gerade erwähnt, sowohl links- wie rechtshändig polarisiert werden. An *schwachen* Prozessen – das ist in einer großen Zahl von Experimenten unzweideutig gemessen worden – nehmen sie aber nur in ihrer linkshändigen Ausführung (für Antiteilchen ist es die rechtshändige) teil. Die im Wu-Experiment emittierten Elektronen drehen sich also sämtlich wie Linksschrauben.

Beispiele für eine Asymmetrie zwischen links und rechts findet man auch in Chemie und Biologie. Das augenfälligste Beispiel ist der Bau der Eiweißmoleküle. Alle Lebewesen, vom primitiven Einzeller bis zum Menschen, haben eines gemeinsam: Ihre Eiweiße sind ausschließlich aus linksorientierten, sog. L-Aminosäuren aufgebaut. Dabei sind deren Spiegelbilder, die rechtsorientierten D-Säuren, chemisch völlig äquivalent und würden sich in gleicher Weise zum Aufbau der Moleküle eignen. Das genetische Programm, das die Eiweißbildung steuert, bevorzugt aber offenbar den linkshändigen Drehsinn. Warum das so ist, weiß man bis heute nicht. Immerhin ist es nicht auszuschließen, daß über irgendwelche verborgenen Wirkungsketten die schwache Kraft die Natur in einigen Fällen auch makroskopisch „linksdrehen" läßt.

Wie elektromagnetische und Farbkraft, so ist auch die schwache Kraft mit einer Ladung verbunden. Teilchen mit schwacher Ladung emittieren (und absorbieren) fortwährend Mittlerteilchen der schwachen Kraft. Die Intensität, mit der die Mittler emittiert werden, kann auch hier durch eine dimensionslose Kopplungskonstante charakterisiert werden. Im Vergleich zu den anderen Kräften zeichnet sich die schwache Kraft jedoch durch einige Besonderheiten aus:

a) Da nur linkshändig polarisierte Teilchen und rechtshändig polarisierte Antiteilchen an schwachen Wechselwirkungen teilnehmen, wird man auch nur ihnen eine schwache Ladung zuschreiben dürfen. Teilchen, die sich rechtshändig, und Antiteilchen, die sich linkshändig bewegen, sind in bezug auf die schwache Kraft neutral.

b) Weil z. B. die schwachen Ladungen eines linkshändig und eines rechtshändig polarisierten Elektrons verschieden sind ($-\frac{1}{2}$ und 0 laut Konvention), kann die schwache Ladung unmöglich in allen Prozessen erhalten bleiben. Der Wert der schwachen Ladung hängt ja offensichtlich davon ab, *wohin* das Elektron fliegt, und ändert sich, wenn es seine Bewegungsrichtung ändert. Während elektrische Ladung und Farbladung eines abgeschlossenen Systems konstant bleiben, gehorcht also die schwache Ladung keinem Erhaltungssatz: Sie kann aus dem Nichts auftauchen oder darin verschwinden.

c) Die Reichweite der schwachen Kraft ist extrem gering (10^{-15} cm). Folgt man den Argumenten, mit denen Yukawa die Masse des Pions voraussagte, so muß die Masse der schwachen Mittler sehr groß sein. Auch das stellt einen Kontrast zu den anderen fundamentalen Kräften dar, deren Mittler masselos sind.

Schwache Ladungen emittieren drei Sorten von Mittlerteilchen mit den Bezeichnungen W^+, W^- und Z^0. Die elektrischen bzw. schwachen Ladungen dieser Teilchen sind

W^+	– elektrisch:	$q = +1$,	schwach: $w = +1$
W^-	–	$q = -1$	$w = -1$
Z^0	–	$q = 0$	$w = 0$

Die Emission eines W^+-Bosons ändert beispielsweise die elektrische Ladung q des emittierenden Teilchens um -1 (denn das W^+ trägt eine positive Ladungseinheit davon), also von $+1$ auf 0 oder von 0 auf -1. Auch die schwache Ladung w wird um eine Einheit erniedrigt, von $+\frac{1}{2}$ auf $-\frac{1}{2}$. Abb. 21a zeigt eine solche Reaktion: $\nu_e + n \rightarrow e^- + p$. Ein Neutrino ($q = 0$, $w = \frac{1}{2}$) sendet ein W^+ aus und verwandelt sich dabei in ein e^- ($q = -1$, $w = -\frac{1}{2}$). Das W^+ wird von einem der beiden d-Quarks eines Neutrons absorbiert. Das d-Quark ($q = -\frac{1}{3}$, $w = -\frac{1}{2}$) wird dabei in ein u-Quark ($q = +\frac{2}{3}$, $w = +\frac{1}{2}$) transformiert.

In Abb. 21b ist ein Beispiel für einen Z^0-Austausch dargestellt. Keines der beteiligten Teilchen ändert seine Identität – das Neutrino bleibt ein Neutrino, das Proton bleibt ein Proton. Lediglich die Impulse der Teilchen ändern sich.

Abb. 21c zeigt das Feynman-Diagramm für den geläufigsten schwachen Prozeß, für den β-Zerfall des Neutrons, $n \rightarrow p + e^- + \bar{\nu}_e$. Das W^-, vom d-Quark emittiert, läßt dieses als u-Quark zurück. Als virtuelles Teilchen mit großer Masse darf das W^- nicht lange existieren. Es zerfällt in e^- und $\bar{\nu}_e$. Auch beim W^--Zerfall stimmen natürlich die Bilanzen für elektrische und schwache Ladung. Für q gilt $-1 \rightarrow -1 + 0$, für w dagegen $-1 \rightarrow (-\frac{1}{2}) + (-\frac{1}{2})$.

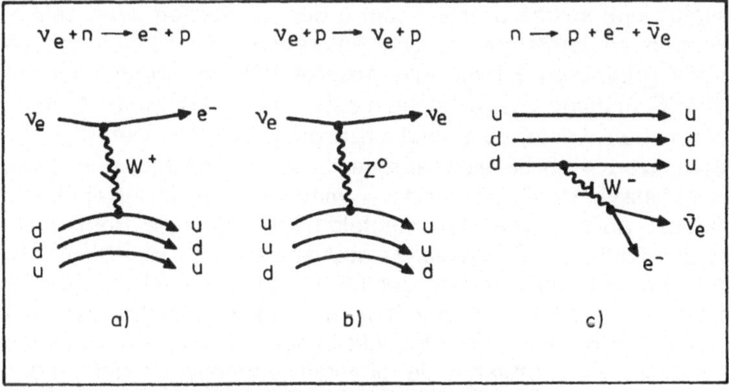

Abb. 21. Feynman-Diagramme für schwache Prozesse

16. Die elektroschwache Kraft oder: γ und Z sind Brüder

An den Kopplungspunkten der W-Bosonen in Abb. 21 wandeln sich ein Elektronneutrino in ein Elektron bzw. ein d- in ein u-Quark um: $\nu_e \rightarrow e^-$, $d \rightarrow u$. Die genannten Teilchen bilden die erste der drei Generationen, in die sich Leptonen und Quarks gruppieren (siehe Kap. 9). Ähnliche Prozesse lassen sich auch für die Mitglieder der zwei höheren Generationen anführen.
Leptonen einerseits und Quarks andererseits können paarweise geordnet werden:

$$\begin{pmatrix} \nu_e \\ e^- \end{pmatrix} \begin{pmatrix} \nu_\mu \\ \mu^- \end{pmatrix} \begin{pmatrix} \nu_\tau \\ \tau^- \end{pmatrix} \qquad \begin{pmatrix} u \\ d \end{pmatrix} \begin{pmatrix} c \\ s \end{pmatrix} \begin{pmatrix} t \\ b \end{pmatrix}$$

Leptonen Quarks

(Das ist lediglich eine andere Schreibweise von Tab. 4, Kap. 9.)
Unter Verallgemeinerung der in Abb. 21 gezeigten Beispiele kann man dann konstatieren, daß beim Austausch von W-Bosonen die fundamentalen Fermionen in ihre jeweiligen Partnerteilchen übergehen: $\nu_e \leftrightarrow e^-$, $u \leftrightarrow d$, $\nu_\mu \leftrightarrow \mu$ usw.
Der mathematische Formalismus, der eine solche gegenseitige Umwandlung gepaarter Objekte beschreibt, beruht auf einer Transformationsgruppe mit dem Kürzel SU(2). Auf eben dieser Gruppe hätte demnach eine Quantenfeldtheorie der schwachen Kraft aufzubauen.
Man hat in den fünfziger und sechziger Jahren beharrlich versucht, eine solche exakte Theorie der schwachen Wechselwirkungen zu konstruieren. Die Anstrengungen blieben jedoch ohne greifbaren Erfolg. Alle Ansätze führten, wenn man auf ihrer Grundlage irgendwelche meßbaren physikalischen Größen berechnen wollte, zu unendlich großen Werten. Derartige *Divergenzen* – so bezeichnet man diese unendlichen und damit physikalisch sinnlosen Werte – waren für die Physiker nichts Neues. Auch in der Quantenfeldtheorie der elektromagnetischen Kraft, der Quantenelektrodynamik, treten sie auf: Einem nackten Elektron wird von der QED eine unendliche große Ladung zugeschrieben (siehe Kap. 12). Ein Beobachter sieht ein Elektron aber stets nur eingehüllt in seine Wolke aus virtuellen Teilchen. Die Subtraktion der ebenfalls unendlichen Ladung dieser abschirmenden Wolke von der Ladung des nackten Elek-

trons ergibt korrekt die im Experiment gemessene Elementarladung. Man nennt das mathematische Verfahren, das dieser Subtraktion zugrunde liegt, *Renormierung*. Die QED ist eine renormierbare Theorie.

Die Divergenzen, die sich bei der Behandlung der schwachen Kraft ergaben, ließen sich dagegen trotz immer neuer Versuche nicht beseitigen. Alle Hypothesen führten zu nichtrenormierbaren Unendlichkeiten und damit zu sinnlosen Werten.

Den Ausweg aus dem entmutigenden Dschungel gescheiterter Ansätze wies schließlich eine Idee, die sich schon mehrmals in der Geschichte der Physik als äußerst fruchtbar erwiesen hatte – die Idee der Vereinheitlichung. Wir erinnern uns der einheitlichen Beschreibung von Himmelsmechanik und Erdmechanik in der Newtonschen „klassischen" Mechanik oder der Verbindung von elektrischen und magnetischen Kräften im Rahmen der Maxwellschen Theorie. Im diskutierten Fall war es die Vereinigung der *schwachen* mit der *elektromagnetischen* Kraft, die den Weg zu einer mathematisch sauberen Theorie ebnete.

Den ersten Schritt in diese Richtung tat 1962 Sheldon Glashow von der Harvard-Universität in Boston, USA. Er schlug vor, eine einheitliche Theorie von elektromagnetischen und schwachen Wechselwirkungen auf der Grundlage der Transformationsgruppe SU(2) x U(1) zu errichten. Ohne uns auf weitere Erklärungen, die den Rahmen dieses Büchleins sprengen würden, einzulassen, wollen wir dies Symbol gleichsam als optisches Markenzeichen stehen lassen und nur so viel sagen, daß die Gruppe SU(2) x U(1) durch Verknüpfung der Gruppen SU(2) und U(1) entsteht; das sind jene Gruppen, die der schwachen bzw. elektromagnetischen Kraft entsprechen, wenn man sie separat betrachtet.

Daß die Phänomene der schwachen Kraft in irgendeiner Beziehung zum Elektromagnetismus stehen, wird eigentlich schon durch die Tatsache nahegelegt, daß zwei der schwachen Mittler, W^+ und W^-, neben der schwachen Ladung auch eine elektrische Ladung besitzen. Auf der anderen Seite scheint eine Einheit der beiden Kräfte in augenscheinlichem Widerspruch zu ihrer unterschiedlichen Stärke zu stehen. An dieser Stelle ist es angebracht zu beleuchten, worauf eigentlich die unterschiedliche Stärke der Kräfte zurückzuführen ist. Die Farbkraft übertrifft beispielsweise die elektromagnetische Kraft deshalb, weil ihre *Kopplungskonstante* größer ist als jene der elektromagnetischen Wechselwirkungen. Anders ausgedrückt: Die Farbladungen emittieren ihre Mittler, die Gluonen, mit größerer Intensität, als

elektrische Ladungen es mit Photonen tun. Die schwache Kraft ist dagegen in erster Linie deshalb der elektromagnetischen unterlegen, weil ihr Wirkungsradius nicht unendlich ist, sondern nur 10^{-15} cm beträgt. Die Annäherung zweier Teilchen auf diese Distanz ist ein recht seltenes Ereignis, und die *Seltenheit*, mit der die schwachen Mittler zum Zuge kommen, macht die effektive Schwäche der Wechselwirkung aus. Die Kopplungskonstanten der beiden Kräfte dagegen müssen nicht unbedingt sehr unterschiedlich sein. Glashow ging im Gegenteil davon aus, daß sie von vergleichbarer Größe sind. Was er nicht erklären konnte, war, warum die Wirkungsradien von schwacher und elektromagnetischer Kraft so stark differieren oder – was das gleiche ist – warum die Mittlerteilchen so unterschiedliche Massen haben. Das Photon ist masselos, die W- und Z-Bosonen müssen mindestens hundertmal so schwer wie die Pionen sein. (Das folgt mit Hilfe der Heisenbergschen Unschärferelation aus der Reichweite schwacher Wechselwirkungen.)
In bezug auf die Massen der Mittlerteilchen ist die Symmetrie der Natur also offenbar gebrochen, und Glashow konnte vorerst keine Methode angeben, mit deren Hilfe diese Symmetriebrechung in sein Konzept einzuarbeiten wäre. Erst 1967/68 fanden der Amerikaner Steven Weinberg und der Pakistani Abdus Salam unabhängig voneinander einen Ausweg. Sie gingen von einer Formulierung der Theorie aus, in der *alle* Massen gleich Null sind, die SU(2)-Massen ebenso wie die U(1)-Masse. Diese Theorie hat natürlich kaum etwas mit der realen Welt zu tun. Dafür hat sie den Vorteil, mathematisch beherrschbar und renormierbar zu sein. Erst im Nachhinein wird ihre Symmetrie gebrochen, aber nicht durch die inneren Gesetze der Theorie selbst, sondern durch einen von außen aufgepfropften Mechanismus, der unter der Bezeichnung „spontane Symmetriebrechung" bekannt geworden ist.
Spontan gebrochene Symmetrien sind solche Symmetrien, die zwar in den Gesetzen, durch die ein physikalisches System ursprünglich beschrieben wird, enthalten sind, die aber in Gleichgewichtszuständen, die das System bei niedrigen Temperaturen einnimmt, verdeckt werden. Zum Beispiel sind die Gesetze, die das Verhalten von Flüssigkeiten beschreiben, rotationssymmetrisch. In der flüssigen Phase verhält sich ein Stoff völlig invariant in bezug auf Drehungen. Die beobachtete Verteilung von Wassermolekülen etwa hängt nicht von dem Winkel ab, unter dem man den Wasserbehälter betrachtet. Wenn aber die Flüssigkeit gefriert, bilden sich kristalline Formen heraus. Die Atome – für

sich genommen – bleiben dabei genauso rotationssymmetrisch wie in der flüssigen Phase. Im festen Zustand sind sie aber gezwungen, sich entlang kristallographischer Achsen zu ordnen. Dadurch ist die Symmetrie im Gesamtmaßstab gebrochen, und gewisse Richtungen (nämlich diejenigen, die parallel zu den Achsen verlaufen) erhalten einen besonderen Status. Erhöht man von neuem die Temperatur, so kann man die Symmetriebrechung wieder aufheben. Die Rotationsinvarianz der Atome drückt sich dann auch wieder im Gesamtverhalten der Flüssigkeit aus.

Es ist mit diesem Beispiel wie mit allen Vergleichen: Sie hinken. Auf die Versuche, die Welt der Quanten und Elementarteilchen in anschauliche Bilder zu fassen, trifft diese Feststellung ganz besonders zu. Es ist nun einmal eine völlig andersartig strukturierte Welt, in die der Mensch mit Hilfe ausgeklügelter Experimente und an der Krücke mathematischer Abstraktionen zu schreiten versucht. Das Unternehmen, die Meßergebnisse und den aufwendigen Formelapparat mit unserer Begriffspalette, mit unserem Vorstellungsvermögen widerzuspiegeln und abzudecken, muß zwangsläufig unbefriedigend verlaufen. Die Modelle, die hier verwendet werden, geben immer nur ganz bestimmte Aspekte der Realität wieder. Man sollte daher nicht versuchen, die Bilder der Quantenwelt bis ins letzte auf ihre innere Schlüssigkeit abzuklopfen (wie man das mit Beschreibungen der Makrophysik tun kann). Man wird sie immer irgendwo ungenau finden; und manchmal kann man ihnen tatsächlich kaum mehr als den Status einer Eselsbrücke zuerkennen. Exakt und schlüssig ist allein der mathematische Formalismus. Das sollte der Leser, dem die bisher oder im folgenden gebrauchten Bilder in mancher Hinsicht „unrund" und bizarr erscheinen und der deshalb irritiert ist, zu seiner eigenen Beruhigung im Auge behalten.

Zurück zu unserem Stichwort: spontane Symmetriebrechung. Im Modell von Weinberg und Salam wird sie der symmetrisch ausformulierten Theorie im nachhinein hinzugefügt, indem man vier neue Teilchen (oder, allgemeiner gesagt, vier neue *Felder*) postuliert. Diese hypothetischen Felder müssen die besondere Eigenschaft haben, im Vakuum nicht zu verschwinden. Daß das Vakuum mehr als schlechthin „nichts" ist, wurde schon mehrfach betont. Das Vakuum ist physikalisch als der Zustand definiert, in dem alle Felder ihre minimale Energiedichte haben. Für die meisten Felder ist die Energiedichte dann am kleinsten, wenn das Feld überall gleich Null ist. Ein Elektronfeld etwa hat in einem gewissen Raumbereich seine minimale Energie, wenn dort kein Elektron vorhanden ist. Die besagten hypothetischen Felder, nach ihrem Erfinder Higgsfelder genannt, nehmen eine Sonderrolle ein. Ihre Energie ist am kleinsten, wenn das Feld einen gewissen endlichen Wert besitzt. Die Higgsfelder sind also gewissermaßen Ingredienzien des Vakuums.

Mit diesen exotischen Objekten geschieht nun folgendes: Den vier Mittlerteilchen der [SU(2) x U(1)]-Theorie wird jeweils ein Higgsfeld zugeordnet. Dabei gewinnen drei der Mittlerteilchen eine Masse, und gleichzeitig verschwinden drei der Higgsfelder aus der Theorie. Diese komplizierte mathematische Operation wurde von A. Salam mit folgendem grotesken Bild umschrieben: Drei der masselosen Mittler „essen" drei Higgsteilchen und werden dabei massiv.

Nur eines der vier Mittlerteilchen hat am Ende nicht von diesem mathematischen Kannibalismus profitiert und bleibt masselos. Das entsprechende vierte Higgsteilchen überlebt daher und müßte, wenn das Modell „richtig" ist, experimentell beobachtbar sein. Die drei massiven Teilchen sind natürlich W^+, W^- und Z^0, das masselose Teilchen ist das Photon.

Durch die Einführung der spontanen Symmetriebrechung konnten Weinberg und Salam den ursprünglichen Entwurf Glashows zu einer geschlossenen Theorie erweitern. In dieser Theorie sind die W- und Z-Bosonen nicht mehr nur Mittlerteilchen der schwachen Kraft und das Photon nicht lediglich der Überträger des Elektromagnetismus, sondern alle zusammen sind die Repräsentanten einer umfassenderen Kraft – der *elektroschwachen* Kraft.

Für ihren dominierenden Anteil bei der Schaffung der elektroschwachen Theorie wurden Glashow, Weinberg und Salam im Jahre 1979 mit dem Nobelpreis geehrt.

17. Die Entdeckung der W- und Z-Bosonen

Vor Aufstellung des Weinberg-Salam-Modells benutzten die Physiker bei der Berechnung schwacher Prozesse die sog. Fermi-Theorie. Die Fermi-Theorie ist keine Quantenfeldtheorie, sie beruht nicht auf dem Konzept des Austauschs virtueller Teilchen. Trotz grundsätzlicher Unstimmigkeiten, die in ihr selbst begründet lagen, ermöglichte sie immerhin das Verständnis eines Großteils des damals vorliegenden experimentellen Materials.

Eine Sorte von Reaktionen war jedoch nach Fermis Theorie verboten, und zwar jene Wechselwirkungen, die man heute als Prozesse mit Z^0-Austausch bezeichnen würde. Bei derartigen Reaktionen bleibt die Identität der beteiligten Teilchen erhalten (siehe z. B. Abb. 21b, S. 73).

Tatsächlich waren im Experiment solche Ereignisse noch nie beobachtet worden. Bei allen bis dahin bekannten schwachen Prozessen änderte sich die Ladung der Reaktionspartner. (Im Austauschbild entspräche das der Kraftübertragung durch W^+ oder W^-.) Der elektroschwachen Theorie zufolge *mußten* aber Wechselwirkungen mit Z^0-Austausch, die „neutralen Ströme", existieren. Glashow, der lange Jahre ungeachtet des Zweifels vieler Physiker an seiner Idee festgehalten hatte, wurde nicht müde zu erklären, er „esse seinen Hut", wenn die neutralen Ströme nicht bald gefunden würden.

Er brauchte ihn nicht zu essen. Anfang der siebziger Jahre wurde im westeuropäischen Kernforschungszentrum CERN in Genf ein Neutrinostrahl auf die Flüssigkeit einer Blasenkammer gelenkt. Fast 10^{17} Anti-Myonneutrinos ($\bar{\nu}_\mu$) durchquerten die Kammer. Unter 2 Millionen Bildern, die sorgfältig nach Neutrinowechselwirkungen durchforstet wurden, fand man drei, auf denen nichts außer einer isolierten Elektronenspur zu sehen war. Eines dieser Bilder ist in Abb. 22 reproduziert. Alle denkbaren Interpretationen der Ereignisse wurden penibel durchgerechnet, und schließlich stand fest: Es handelte sich um die Reaktion

$\bar{\nu}_\mu + e^- \rightarrow \bar{\nu}_\mu + e^-$.

Das Anti-Myonneutrino, selbst unsichtbar, überträgt mit Hilfe eines Z^0-Bosons Energie auf das Elektron, das seinerseits die beobachtete Spur hinterläßt. Die neutralen Ströme, der erste handfeste Hinweis auf die Richtigkeit der elektroschwachen Theorie, waren entdeckt!

Die Existenz des Z^0 führt zu einem weiteren, interessanten Effekt. Prozesse, von denen man früher glaubte, sie könnten nur über Photonaustausch bewerkstelligt werden, können nämlich zu einem gewissen Prozentsatz auch über Z^0-Austausch ablaufen. In der Fachsprache sagt man, daß die Felder des Photons und des Z-Bosons „interferieren". Die Interferenz wird um so stärker, die Symmetrie um so offensichtlicher, je höher die Energie ist, mit der die Wechselwirkung stattfindet.

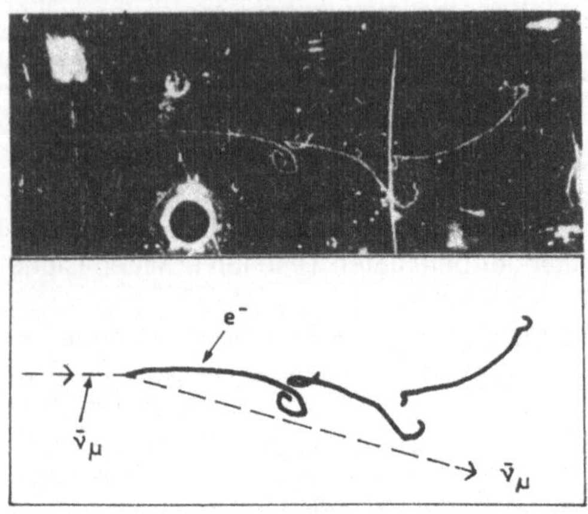

Abb. 22. Eine isolierte Elektronspur, die aus der Reaktion $\bar{\nu}_\mu + e^- \rightarrow \bar{\nu}_\mu + e^-$ stammt. Das Elektron unterliegt weiteren Stößen mit der Kammerflüssigkeit, wodurch die Spur in Flugrichtung „zerfasert"

In einem bemerkenswerten Experiment gelang es 1978, die Interferenz von Photon und Z-Boson zu messen und gleichzeitig die Vorhersage zu bestätigen, daß auch von *neutralen* schwachen Strömen die Spiegelsymmetrie (Parität) verletzt wird. Das Experiment wurde in Nowosibirsk (UdSSR) durchgeführt. Ihm lag die folgende Idee zugrunde: Die Hüllenelektronen eines Atoms stehen mit dem Kern über die elektromagnetische Kraft in Verbindung. Im Quantenbild ausgedrückt, heißt das, daß zwischen Kern und Elektron Photonen ausgetauscht werden. In einem schweren Atom liegen die inneren Elektronenbahnen sehr dicht am Kern. In einem Bismutatom etwa ist die innere Elektronenschale regelrecht in den Kern hinein verschmiert. Bei so geringen Abständen zwischen Elektronen und Nukleonen beginnt sich die γ-Z-Interferenz bemerkbar zu machen. Die Beziehung der Hüllenelektronen zum Kern ist dann nicht mehr durch den Austausch von γ-Quanten allein beschreibbar. Auch der Z^0-Austausch fängt jetzt an, eine winzige Rolle zu spielen.
Die sowjetischen Physiker lenkten einen polarisierten (d. h. nur in einer Ebene schwingenden) Laserstrahl durch Bismutdampf. Der Laserstrahl tritt dabei mit den Hüllenelektronen in Wechselwirkung. Falls deren Verhalten durch den paritätsverletzenden neutralen schwachen Strom (Z^0) mitbestimmt wird, sollte sich das auf die Polarisationsrichtung des Laserlichts auswirken. Das Weinberg-Salam-Modell sagte eine Änderung der Schwingungs-

richtung des Strahls um 4 millionstel Grad voraus. Dieser mikroskopische Winkel ist etwa gleich jenem, unter dem man eine Nadelbreite aus 10 km Entfernung sieht!
Das Nowosibirsker Experiment, ein Meisterstück an ausgeklügelter Präzisionsmeßtechnik, ergab eine klare Übereinstimmung mit dem berechneten Wert. Mit Beschleunigerexperimenten gelang es kurz darauf, den in Nowosibirsk gemessenen Interferenzbetrag zu bestätigen. Ein zweiter Schritt auf dem Weg zur Etablierung der elektroschwachen Theorie war getan.
Was aber immer noch ausstand, war die Beobachtung von freien W- und Z-Bosonen. In den bisherigen Versuchen waren sie ja immer nur als *virtuelle* Teilchen aufgetreten. Die dafür benötigte Energie war vom Vakuum „geborgt" worden. Sie ist gewaltig, denn die Masse von W- und Z-Bosonen wird vom Weinberg-Salam-Modell zu rund 90 bzw. 100 Protonenmassen vorhergesagt ($M(W) \approx 83\,\mathrm{GeV}/c^2$, $M(Z) \approx 94\,\mathrm{GeV}/c^2$). Um W und Z als freie Teilchen zu erzeugen, muß man also mindestens diese Energie aufbringen.
Zu diesem Zweck war 1981 der größte Beschleuniger des CERN, das „Super Proton Synchrotron" (SPS), so umgerüstet worden, daß man in ihm Protonen und Antiprotonen gegenläufig beschleunigen und aufeinanderschießen konnte. In einer solchen Speicherringanlage (siehe Kap. 7) kann nahezu die gesamte Bewegungsenergie der Strahlteilchen zur Erzeugung neuer Teilchen ausgenutzt werden. Die Gesamtenergie bei einer Wechselwirkung im SPS-Speicherring beträgt 540 GeV. Sie verteilt sich annähernd gleichmäßig auf die Quarks und die Antiquarks, aus denen Proton bzw. Antiproton aufgebaut sind. Gelegentlich kann es nun bei einer Proton-Antiproton-Wechselwirkung vorkommen, daß ein Quark aus dem Proton und ein Antiquark aus dem Antiproton kollidieren und unter Einbringung ihrer riesigen kinetischen Energie zu einem schweren Boson verschmelzen:

$$u + \bar{d} \rightarrow W^+, \quad \bar{u} + d \rightarrow W^-,$$
$$u + \bar{u} \rightarrow Z^0, \quad d + \bar{d} \rightarrow Z^0.$$

Die W- und Z-Bosonen sind extrem kurzlebige Teilchen. Daher können sie nur indirekt – aber doch eindeutig – über ihre Zerfallsprodukte (Quark-Antiquark- bzw. Lepton-Antilepton-Paare) nachgewiesen werden. Experimentell lassen sich am günstigsten die Zerfälle in Lepton-Antilepton-Paare separieren:

$$W^+ \rightarrow e^+ + \nu_e, \quad W^+ \rightarrow \mu^+ + \nu_\mu,$$
$$W^- \rightarrow e^- + \bar{\nu}_e, \quad W^- \rightarrow \mu^- + \bar{\nu}_\mu,$$
$$Z^0 \rightarrow e^+ + e^-, \quad Z^0 \rightarrow \mu^+ + \mu^-.$$

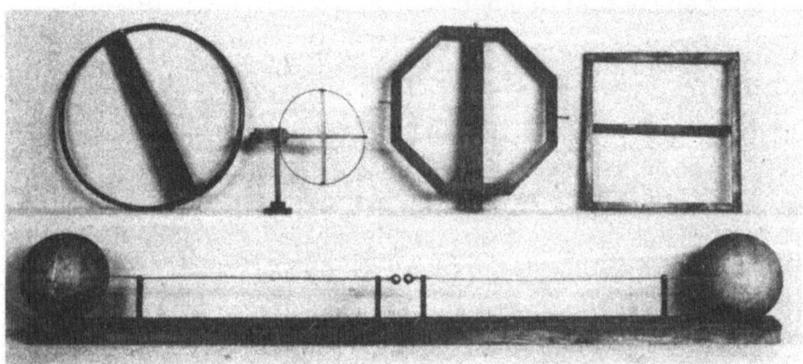

Carlo Rubbia, ein am CERN arbeitender und an der Harvard-Universität in den USA lehrender Physikprofessor italienischer Abstammung, hatte das Speicherringprojekt 1976 initiiert. Unter seiner Leitung errichtete auch ein 130 Mann starkes Team den größten von mehreren Teilchendetektoren, die die Wechselwirkungszonen des Speicherrings umschließen. Das Gerät trägt die Bezeichnung UA1 (Underground Area experiment N^0 1). Rubbia beschreibt seinen gigantischen Detektor (Abb. 23) als „eine Reihe von Kästen, von denen jeder etwas kann, was die anderen nicht können" – eine ironisch verharmlosende Charakterisierung des 2000 Tonnen schweren Monstrums, das baukastenartig aus dichtgepackten elektronischen Einzeldetektoren gefügt ist, jeder davon mit einer ganz speziellen, maßgeschneiderten Funktion. Mit seiner Hilfe und unter Einsatz mehrerer hochmoderner Computer siebte das UA1-Team viele Millionen Proton-Antiproton-Stöße nach W- und Z-Kandidaten durch.
Zu Beginn des Jahres 1983 hatte man sechs Ereignisse gefunden, in denen ein hochenergetisches Elektron oder Positron erzeugt wurde, dessen großer Impuls jedoch durch keines der anderen beobachteten Teilchen balanciert wurde. Wenn die Erhaltungssätze für Energie und Impuls, die eine solche Balance *erfordern*, nicht verletzt sein sollen, so mußte der fehlende Impuls von einem Teilchen weggetragen worden sein, das keine Spur im Detektor hinterläßt – von einem Neutrino.
Die sechs Ereignisse waren somit Kandidaten für die Zerfälle $W^+ \rightarrow e^+ + \nu_e$ bzw. $W^- \rightarrow e^- + \bar{\nu}_e$. Für den Fall, daß die Elektronen und Positronen sowie die nicht beobachteten Neutrinos tatsächlich aus W-Zerfällen stammen, müssen ihre aufsummierten Energien der W-Masse entsprechen. In der Tat ergab sich für die Systeme aus e^+ und ν_e bzw. e^- und $\bar{\nu}_e$ eine Gesamtenergie von etwa 80 GeV/c^2, ein Wert, der wenig später auch von der

---

Abb. 23. Oben: Der UA1-Detektor, mit dessen Hilfe die W- und Z-Bosonen entdeckt wurden.
Unten: Die Apparatur, mit der Heinrich Hertz 1888 die Träger des elektromagnetischen Feldes, die elektromagnetischen Wellen (≙ Photonen) entdeckte.
Der Nachweis der Photonen hatte für die Vereinigung von Elektrizität und Magnetismus eine ähnliche Bedeutung wie die Entdeckung der W- und Z-Bosonen für die Vereinigung von elektromagnetischer und schwacher Kraft. Die Bilder verdeutlichen den enormen Aufwand, den man heute im Vergleich zu damals treiben muß, um zu neuen fundamentalen Erkenntnissen zu gelangen

UA2-Gruppe, die einen etwas kleineren Detektor am Speicherring betreibt, bestätigt wurde. Das W-Boson war entdeckt!
Der nächste Schritt war jetzt, Zerfälle des Z^0 zu separieren. Obwohl die Zerfallsteilchen in diesem Fall beide sichtbar sind (e^+e^- oder $\mu^+ \mu^-$) und Z^0-Kandidaten daher wesentlich eindeutiger zu identifizieren sind als W-Kandidaten, sollten noch fünf Monate bis zur Entdeckung freier Z-Bosonen vergehen. Diese werden nämlich rund zehnmal seltener als die W-Bosonen erzeugt. Am 28. Mai 1983 war aber auch dieses Ziel erreicht. Auf einem hoffnungslos überfüllten Seminar im CERN konnte Rubbia zwei Z^0-Zerfälle vorstellen. Einer davon ist in Abb. 24 gezeigt. Inzwischen (Mai 1985) haben die Gruppen UA1 und UA2 insgesamt 358 W-Zerfälle und 47 Z-Zerfälle registriert. Die Massen der schwachen Bosonen, die sich aus der Vermessung dieser Ereignisse ergeben, sind

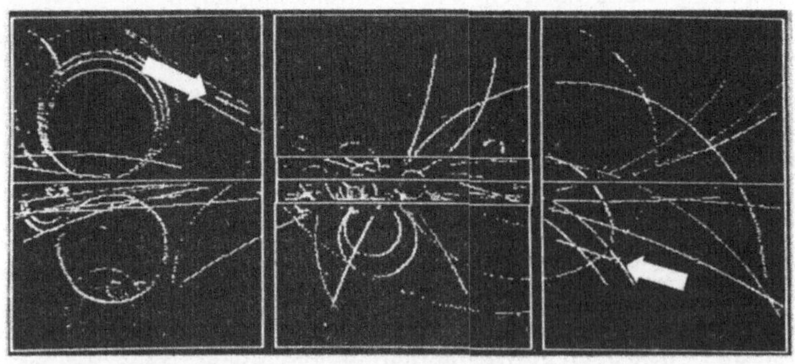

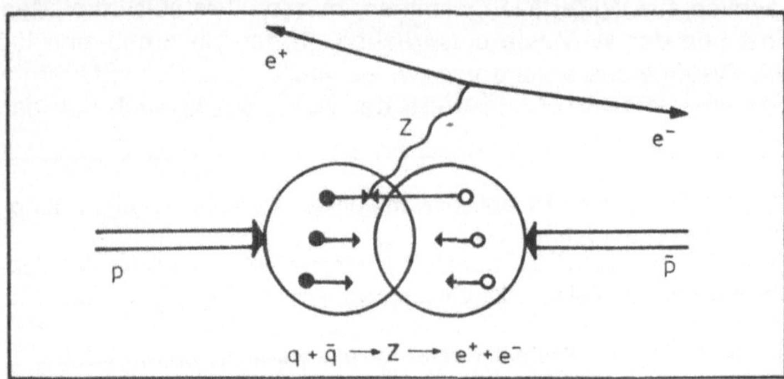

Abb. 24. Oben: Die aus den UA1-Drahtkammersignalen mit Hilfe eines Computers rekonstruierten Spuren der in einem $p\bar{p}$-Stoß erzeugten Teilchen. Die Pfeile bezeichnen das e^+ und das e^- aus einem Z^0-Zerfall. Unten: Schematische Darstellung desselben Ereignisses

$M_W = 81{,}2(\pm 1{,}1)\,\mathrm{GeV}/c^2, \quad M_Z = 92{,}4(\pm 1{,}6)\,\mathrm{GeV}/c^2.$

Die Vorhersagen der elektroschwachen Theorie haben damit ihre dritte, triumphale Bestätigung erlebt. Für seine dominierende Rolle beim Nachweis der W- und Z-Bosonen erhielt Carlo Rubbia 1984 den Nobelpreis für Physik. Er teilte ihn mit dem Beschleunigerspezialisten Simon van der Meer, auf dessen originelle Konzepte er beim Bau des SPS-Speicherrings zurückgreifen konnte.

Ist damit das Konzept von Weinberg, Salam und Glashow endgültig als die richtige Beschreibung der elektroschwachen Phänomene etabliert?

Nicht ganz. Wenn das Weinberg-Salam-Modell stimmt, müßte man irgendwann einmal auch das Higgsteilchen finden, zum Beispiel an den großen e^+e^--Speicherringen, die Ende der achtziger Jahre in Betrieb genommen werden. Findet man es nicht, so hätte man sich einen alternativen Mechanismus zu überlegen, der anstelle der spontanen Symmetriebrechung die Massen der W- und Z-Bosonen erklärt. Eine Möglichkeit wäre, daß die schweren Bosonen nicht elementar, sondern auch zusammengesetzt sind. Sie würden damit in bezug auf die schwache Kraft einen ähnlichen Status einnehmen wie das π-Meson hinsichtlich der starken Kraft. In Analogie zur Erklärung der starken Kraft durch die elementarere Farbkraft ergäbe sich die schwache Kraft dann als der nach außen hin wirksame, kurzreichweitige Effekt einer „Hyperfarbkraft".

Bis jetzt gibt es allerdings keine Beweise für eine Substruktur von W und Z. Einige neuere Meßergebnisse vom SPS-Speicherring scheinen zwar nicht völlig in das Schema von Weinberg und Salam zu passen; inwieweit man sie aber in dem erwähnten Sinne interpretieren darf, muß abgewartet werden.

18. Die große Vereinigung

Elektromagnetische und schwache Kraft sind auf einen Nenner gebracht. Sie haben sich als Erscheinungsformen ein und derselben Basiskraft, nämlich der elektroschwachen Kraft erwiesen.

Hat die Natur hier haltgemacht? Hat sie es bei drei voneinander unabhängigen Basiskräften belassen – der elektroschwachen Kraft, der Farbkraft und der Gravitationskraft? Oder liegt all dem ein noch tieferer Zusammenhang zugrunde, sind auch diese drei Kräfte nur Erscheinungsformen einer noch umfassenderen „Urkraft"?
Es wäre seltsam gewesen, wenn die Physiker der Faszination, die von der letztgenannten Möglichkeit ausgeht, nicht erlegen wären. Die Welt auf eine Formel gebracht, auf ein gemeinsames Prinzip zurückgeführt – davon hatten Generationen von Naturwissenschaftlern und Philosophen geträumt! Bisher waren alle Versuche fehlgeschlagen, die in diese Richtung gewagt wurden. Albert Einstein etwa hatte bis zu seinem Tode vergeblich versucht, eine einheitliche Theorie für Gravitation und Elektromagnetismus aufzustellen. Werner Heisenberg, einer der Schöpfer der Quantentheorie, war Mitte der fünfziger Jahre zu seiner vielzitierten „Weltformel" gelangt, einem ersten Anlauf zur einheitlichen Beschreibung aller bekannten Wechselwirkungen. Auch diesem Ansatz blieb der Erfolg versagt.
Nunmehr aber, rund 15 Jahre später, war ein gangbarer Weg gewiesen, der erste Schritt darauf war mit der Vereinigung von elektromagnetischer und schwacher Kraft getan. Der zweite Schritt war in gewisser Hinsicht vorprogrammiert.
Die Gravitation wurde zunächst einmal beiseite gelassen. Das Nahziel war, *elektroschwache Kraft* und *Farbkraft* zu vereinen. Die eine wird mathematisch durch die Gruppe SU(2)xU(1), die andere durch die Gruppe SU(3) beschrieben. Die Theorien, die auf diesen Gruppen aufbauen – die elektroschwache Theorie und die Quantenchromodynamik (QCD) – haben sich bei der Beschreibung der experimentellen Resultate zu gut bewährt, als daß man sie einfach über Bord werfen möchte. Es wäre in der Tat unverständlich, warum diese Einzeltheorien so gut arbeiten, wenn eine *einheitliche* Beschreibung der elektroschwachen und starken Erscheinungen in gar keiner Beziehung zu ihnen stünde. Eine vereinheitlichende Theorie sollte darum auf einer mathematischen Struktur aufbauen, die die Gruppen SU(2)xU(1) und SU(3) als Untergruppen *einschließt*. Viele Gruppen haben diese Eigenschaft, und bis heute ist nicht entschieden, welche davon die „richtige" ist. Die *einfachste* ist auf jeden Fall die sog. SU(5)-Gruppe. Der erste Ansatz zu einer Theorie der „Großen Vereinigung" (engl.: Grand Unified Theory, abgekürzt GUT) wurde 1973 von Sheldon Glashow und seinem Kollegen Howard Georgi ausgearbeitet, und er basierte auf ebendieser Gruppe.

Wie immer, so sollen auch jetzt die mathematischen Details nicht interessieren. Wir kümmern uns nicht um die formalen Aspekte der Transformationsgruppen, die den verschiedenen Varianten einer vereinheitlichenden Eichtheorie zugrunde liegen, sondern nur um ihre physikalischen Konsequenzen.

Die einfachste GUT-Variante, die SU(5)-Theorie, impliziert z. B., daß die elektromagnetischen, schwachen und Farbladungen über 24 Mittlerteilchen miteinander wechselwirken. Zwölf davon kennen wir schon: acht Gluonen (G_1 bis G_8), die zwischen farbgeladenen Objekten ausgetauscht werden, drei schwere Bosonen (W^+, W^-, Z^0), die die schwache Kraft vermitteln, und das Photon (γ), das die elektromagnetische Kraft überträgt. Abb. 25 zeigt für die erste Generation der Quarks und Leptonen, welche Teilchenumwandlungen mit diesen Austauschprozessen verbunden sind. Bei Emission von γ oder Z^0 bleibt die Identität des emittierenden Teilchens erhalten, die W's bewirken Transformationen in vertikaler Richtung ($\nu_e \leftrightarrow e^-$, $u_r \leftrightarrow d_r$ usw.), während die Gluonen lediglich die Farbe der Quarks ändern. Niemals wird jedoch beim Austausch der genannten Teilchen die gestrichelte Linie, die die Quarks von den Leptonen trennt, überschritten. Keiner der zwölf hergebrachten Mittler vermag ein Quark in ein Lepton oder ein Lepton in ein Quark zu verwandeln.

Genau in dieser Fähigkeit aber besteht die spektakulärste Eigenschaft der zwölf neu hinzukommenden Mittlerteilchen, kurz als *X-Teilchen* bezeichnet. Ein Antineutrino, das ein X-Teilchen emittiert, kann sich z. B. in ein d-Quark verwandeln, ein Positron kann in ein u-Quark übergehen, ein „rotes" u-Quark in ein „anti-

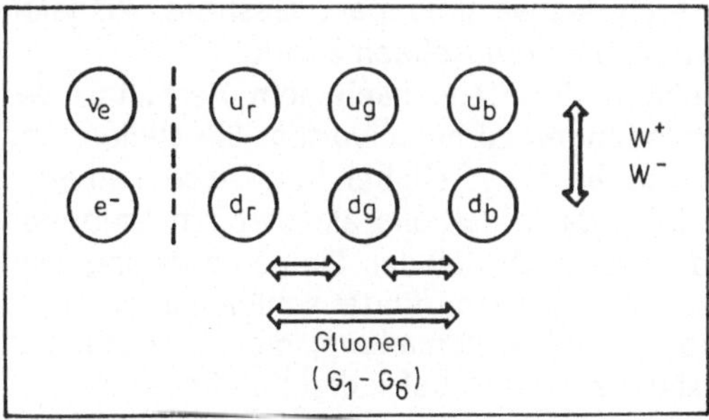

Abb. 25. Die Teilchenumwandlungen beim Austausch der Mittler der elektromagnetischen, schwachen und starken (Farb-)Kraft. Die in der Abbildung nicht auftauchenden Mittlerteilchen (γ, Z^0, G_7, G_8) bewirken „Identitätstransformationen", d. h., sie verwandeln die Reaktionspartner nicht in andere Teilchen

grünes" Anti-u-Quark usw. usf. Die hypothetischen X-Teilchen bringen dieses Zauberkunststück fertig, weil sie *alle* Ladungsarten tragen: elektrische Ladung ($\pm\frac{1}{3}$ oder $\pm\frac{4}{3}$), Farbladung und schwache Ladung.[1]

Gehen wir im folgenden davon aus, daß die X-Teilchen existieren! Ihr Vorhandensein läßt die scharfe Trennungslinie zwischen Quarks und Leptonen verblassen. Der Austausch von X-Teilchen bewirkt, daß nicht nur die Quarks bzw. die Leptonen jeweils unter sich ineinander übergehen können, sondern daß auch Quark-Lepton-Transformationen möglich sind. So ist ein einendes Band zwischen den ursprünglich ganz unabhängigen Teilchensorten geknüpft.

Diese innige Verwandtschaft erklärt auch eine Frage, auf die es vor Erscheinen der GUTs keine Antwort gab. Die Frage lautet: Warum beträgt die elektrische Ladung der Quarks *genau* $\frac{1}{3}$ bzw. $\frac{2}{3}$ der Elektronladung? Warum nicht *annähernd* $\frac{1}{3}$ oder $\frac{1}{\pi}$ oder sonst irgendeinen Wert?

Die elektrische Ladung des Protons ist +1. Sie setzt sich aus den Ladungen der beiden u-Quarks und des d-Quarks innerhalb des Protons zusammen: $+1 = \frac{2}{3} + \frac{2}{3} - \frac{1}{3}$. Wir können unsere Frage daher auch so formulieren: Warum sind die Beträge der elektrischen Ladungen von Proton und Elektron genau gleich?

Man stelle sich vor, was passieren würde, wenn die Ladungen dieser beiden Teilchen nicht übereinstimmen würden. Die Gesamtladung eines Atoms wäre dann nicht mehr gleich Null. Die elektrisch geladenen Atome würden einander abstoßen, und die anziehende Wirkung der Gravitation würde bei weitem nicht ausreichen, die Abstoßung zu kompensieren. Niemals hätten sich dann größere Materieansammlungen, Gestirne, Planeten und letztlich auch wir selbst herausbilden können.

Erst die GUTs vermögen die Frage nach dem Verhältnis der Quark- und Leptonenladungen zu beantworten. Sie stellen eine strenge Beziehung zwischen *allen* Teilchen her. Diese mathematische Verknüpfung führt dazu, daß alle elektrischen Ladungen exakte Vielfache von einem Drittel der Elementarladung sein müssen ($0, \pm\frac{1}{3}, \pm\frac{2}{3}, \pm 1, \ldots$). Damit findet schließlich auch die Gleichheit von Elektron- und Protonladung, die so unerläßlich für unsere eigene Existenz ist, ihre befriedigende Erklärung.

[1] Zum Vergleich noch einmal die Ladungen der herkömmlichen Mittlerteilchen:
Photon – ladungslos; Gluon – Farbladung; Z – ladungslos; W – schwache und elektrische Ladung.

Die eben beschriebene, spektakulärste Vorhersage der verschiedenen GUT-Varianten – die gegenseitige Umwandelbarkeit von Quarks und Leptonen – scheint in augenfälligem Widerspruch zur Realität zu stehen. Unter den Millionen von Elementarteilchenprozessen, die die Hochenergiephysiker untersucht haben, ist keine einzige Quark-Lepton-Konversion beobachtet worden. Ebenso steht es mit einer anderen Kernaussage der Vereinheitlichenden Theorien, derzufolge starke, schwache und elektromagnetische Kraft von gleicher Stärke sein sollen. Zu offensichtlich unterscheiden sich die drei Kräfte, als daß man diese Vorhersage auch nur näherungsweise akzeptieren könnte.

Sind die Vereinheitlichenden Theorien falsch? Wie sind die genannten Widersprüche zu erklären?

Das Zauberwort heißt auch hier „Symmetriebrechung". Wir erinnern uns: In der elektroschwachen Theorie von Weinberg und Salam wird die Symmetrie zwischen elektromagnetischer und schwacher Kraft dadurch gebrochen, daß die W- und Z-Bosonen eine Masse erhalten (mittels des Higgs-Mechanismus). Wie mit Hilfe der Heisenbergschen Unschärferelation gezeigt wurde, gestatten die großen Massen von W und Z nur eine äußerst kurze Reichweite. Der geringe Wirkungsradius der schwachen Kraft aber macht gerade ihre effektive Schwäche aus. (Zwei Teilchen kommen sich sehr selten so nahe, daß die schwache Kraft „zum Zuge kommt".)

Einen ähnlichen Mechanismus hat man für die GUTs anzunehmen. Die X-Teilchen müssen demnach eine sehr große Masse besitzen. Dadurch ist ihre Reichweite extrem gering, und das führt zu einer ebenso extremen Seltenheit von Prozessen mit X-Austausch.

Die SU(5)-Theorie sagt für die X-Teilchen eine Masse von etwa $10^{15}\,\mathrm{GeV}/c^2$ voraus. Dem entspricht eine Reichweite von 10^{-29} cm. (Zum Vergleich Masse und Reichweite der W- und Z-Teilchen: $10^2\,\mathrm{GeV}/c^2$ bzw. 10^{-15} cm.) Eine Möglichkeit, Prozesse mit X-Austausch zu beobachten, bestünde darin, zwei Teilchen (Leptonen oder Quarks) sehr nahe zueinander zu bringen, so daß der Abstand zwischen beiden nur noch 10^{-29} cm beträgt. *Kleine* Abstände entsprechen, wie schon mehrmals erwähnt, *hohen* Energien. Man müßte also die beiden Teilchen auf sehr hohe Energien beschleunigen, auf Energien von etwa 10^{15} GeV. Die gegenwärtig größten Beschleuniger bringen Protonen und Antiprotonen bis auf einige hundert GeV, für Elektronen und Positronen sind etwa 25 GeV erreicht worden. Die Kosten für einen Großbeschleuniger und die Experimente, die daran durchgeführt werden, bewegen sich in der Größenordnung von einer Milliarde Mark, der Umfang der Beschleunigerringe wird in Kilometern gezählt. Selbst ein Beschleuniger, den man entlang des Äquators um die Erde bauen würde, wäre bei weitem nicht in der Lage, Teilchen auf 10^{15} GeV zu bringen.

Das Unterfangen, Prozesse mit X-Austausch vermittels der Standardmethode der Elementarteilchenphysik, mit Beschleunigerexperimenten, zu beobachten, ist daher illusorisch. Es gibt jedoch noch eine andere Methode, Effekte der X-Teilchen nachzuweisen. Diese Methode ist mit einer der interessantesten Konsequenzen der GUTs verbunden: mit der Instabilität aller hadronischen Materie. Sie soll im nächsten Kapitel eingehend behandelt werden.

Der erste der beiden Widersprüche ist damit völlig geklärt. Aufgrund der großen Masse der X-Teilchen ist es gar nicht zu erwarten, daß irgend jemand Quark-Lepton-Konversionen beobachtet haben könnte. Wie steht es mit dem zweiten Problem, der Vorhersage, daß alle Kräfte gleich stark sind?

Die effektive Stärke einer Kraft wird, außer durch die Masse ihrer Mittlerteilchen, durch ihre *Kopplungskonstante* bestimmt. Die Kopplungskonstante ist ein Maß für die Intensität, mit der eine Ladung ihre Mittler emittiert oder absorbiert. So ist z. B. die schwache Kraft der elektromagnetischen Kraft aufgrund der hohen Masse der W- und Z-Bosonen weit unterlegen. Ihre Kopplungskonstante hingegen, d. h. die Aktivität, mit der sie die W und Z emittiert, übertrifft die elektromagnetische Kopplungskonstante um mehr als das Dreifache.

Die unterschiedlichen Kopplungskonstanten von elektromagnetischer, schwacher und Farbkraft erklären sich aus dem Einfluß der Wolke virtueller Teilchen, die eine Punktladung im Vakuum umgeben. Im Falle der Farbkraft *verstärkt* die Wolke virtueller Gluonen, die ein Quark einhüllt, dessen nach außen hin wirksame Farbladung (siehe Kap. 14!). Das Ergebnis ist, daß die Kopplungskonstante der Farbkraft *sinkt*, wenn man sie bei kleinen Distanzen (= hohen Energien) mißt. Virtuelle W-Bosonen haben einen ähnlichen, wenngleich schwächeren Einfluß auf schwache Ladungen. Für die elektromagnetische Kraft ergibt sich dagegen genau das umgekehrte Bild. Wegen der Polarisation der virtuellen Elektronen und Positronen wird eine elektrische Ladung abgeschirmt, und die elektromagnetische Kopplungskonstante *wächst* bei Annäherung an die Ladung.

Extrapoliert man diesen Trend der Kopplungskonstanten mit Hilfe der Daten, die bei unseren Energien ($\approx 10^2$ GeV) gewonnen

wurden, so kann man abschätzen, daß bei etwa 10^{-29} cm (das entspricht 10^{15} GeV) die drei Kopplungskonstanten den gleichen Wert erreicht haben: rund 0,02.
Bei Energien über 10^{15} GeV schmelzen also alle Unterschiede zwischen den einzelnen Kräften dahin. Alle Mittlerteilchen werden mit gleicher Intensität emittiert, und auch der Einfluß ihrer Massen ist vernachlässigbar, da sich die Quarks und Leptonen genügend nahe kommen können. Selbst die X-Teilchen stehen jetzt gleichberechtigt neben ihren leichteren Partnern: W, Z, γ und den Gluonen. Kurz gesagt: Es gibt nicht mehr drei voneinander verschiedene Kräfte, sondern eigentlich nur noch eine – die „Urkraft" der Leptonen und Quarks!
Erst bei niedrigeren Energien wird diese Symmetrie gebrochen. Sie „friert aus", ähnlich wie die Rotationssymmetrie von Wassermolekülen „ausfriert" und verschwindet, wenn die Moleküle bei Abkühlung des Wassers zu Eis auskristallisieren. Aus der „Urkraft" werden dann wieder drei getrennte Kräfte, deren innere Verwandtschaft nur noch indirekt zu erkennen ist.

19. Zerfallende Protonen und die Monopole

Wenn man die Lebensdauern der in Tab. 2 (S. 38) aufgeführten Elementarteilchen durchgeht, fällt auf, daß von allen Hadronen nur eines als stabil ausgewiesen ist: das Proton. Tatsächlich zerfallen *alle* Hadronen mit Ausnahme des Protons nach mehr oder weniger kurzer Zeit. Die Endprodukte von Mesonzerfällen sind Leptonen und Photonen. Bei den Baryonen bleibt zum Schluß außerdem noch ein Proton übrig, das seinerseits dann nicht mehr weiter zerfällt. Selbst das Neutron lebt im Mittel nur 15 min – zumindest wenn es frei, d. h. nicht in einem Kern gebunden ist.
Nehmen wir einmal an, die Lebensdauer freier Protonen würde auch nur nach Stunden oder Tagen zählen. Dann hätten sich niemals Wasserstoffatome bilden können. Der Kern des Wasserstoffatoms ist schließlich nichts weiter als ein einzelnes Proton. Auch Kohlenwasserstoffe und damit die uns geläufigen Formen belebter Materie könnte es dann nicht geben.

Wir können aus unserer eigenen Existenz übrigens auf eine noch viel höhere Lebensdauer des Protons schließen. Wenn nämlich die Rate der Protonzerfälle einen bestimmten Wert überstiege, dann würden wir an der Strahlung, die aus den Zerfällen unserer körpereigenen Protonen stammt, zugrunde gehen. Wir würden uns selbst radioaktiv vergiften. Mit diesem Argument läßt sich zeigen, daß Protonen auf jeden Fall länger als 10^{16} Jahre leben. Wenn die Lebensdauer 10^{16} Jahre betrüge, dann würde nach den Gesetzen der Quantentheorie von 10^{16} Protonen im Mittel eines pro Jahr zerfallen. Unser Körper enthält etwa $2 \cdot 10^{28}$ Protonen. Von diesen würden demnach etwa $2 \cdot 10^{28} : 10^{16} = 2 \cdot 10^{12}$ pro Jahr zerfallen, das sind rund 60 000 Zerfälle pro Sekunde. Der Belastung durch die ionisierenden Teilchen, die dabei frei werden, wären wir nicht lange gewachsen.

Die „Großen Vereinheitlichenden Theorien", die GUTs, machen nun die folgende Vorhersage: Auch das Proton zerfällt, allerdings mit einer unvorstellbar großen Lebensdauer. Aus der einfachsten GUT-Version, der SU(5)-Theorie, berechnet sich die Lebensdauer des Protons zu 10^{29} bis 10^{31} Jahren. Andere GUT-Varianten liefern noch höhere Werte.

Den Protonzerfall kann man sich im Rahmen der Vereinheitlichenden Theorien wie folgt vorstellen: Ein Proton besteht bekanntlich aus drei Quarks. Die Quarks bewegen sich relativ zueinander. Im Mittel sind sie 10^{-14} cm voneinander entfernt. Im Verhältnis zum Wirkungsradius der X-Teilchen (denn diese bewirken den Protonzerfall) ist das eine riesige Distanz: $10^{-14}\,\text{cm} : 10^{-29}\,\text{cm} = 10^{15}$. Die Quarks sind also im Mittel 1 000 000 000 000 000mal so weit voneinander entfernt, wie zum Austausch von X-Teilchen notwendig wäre.

Nun ist es natürlich nicht *prinzipiell* ausgeschlossen, daß zwei Quarks auf ihrer Reise durch das Innere des Protons sich auch einmal bis auf 10^{-29} cm nähern. Nur ist die Wahrscheinlichkeit dafür sehr gering. Ein solches Ereignis ist etwa genauso wahrscheinlich wie der Zusammenstoß zweier Billardkugeln, die völlig unkorreliert in einem Volumen von der Größe des Sonnensystems umherschwirren. Im Mittel geschieht das alle 10^{30} Jahre.

Wenn sich zwei Teilchen auf X-Reichweite nahe gekommen sind, kann z. B. der in Abb. 26 gezeigte Prozeß ablaufen. Das d-Quark emittiert ein X-Teilchen und wandelt sich dabei in ein Positron (e^+) um. Das X wird von einem der beiden u-Quarks absorbiert, wobei das betreffende u-Quark in ein Anti-u-Quark ($\bar{u}$) übergeht. Anti-u-Quark und das verbliebene zweite u-Quark er-

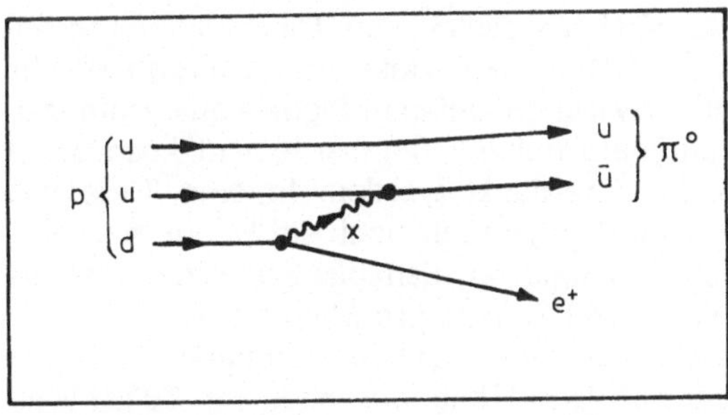

Abb. 26. Feynman-Diagramm für den Zerfall eines Protons in ein Positron und ein π^0-Meson

geben zusammen ein π^0-Meson. Im Endeffekt ist das Proton also in ein Positron und ein π^0 zerfallen: $p \rightarrow e^+ + \pi^0$. Das ist die Zerfallsart, die der SU(5)-Theorie zufolge am häufigsten auftritt. Andere GUT-Varianten bevorzugen andere Zerfallsmöglichkeiten, wie etwa $p \rightarrow \mu^+ + K^0$ oder $p \rightarrow \bar{\nu} + K^+$. In jedem Fall aber impliziert der Zerfall des Protons eine Verletzung des Erhaltungssatzes, den wir in Kap. 7 für die *Baryonzahl* formuliert haben. Für die erwähnten Zerfallsvarianten z. B. lautet die Bilanzgleichung der Baryonzahl: $+1 \rightarrow 0 + 0$.

Wie weist man Protonzerfälle nach, wenn ein Proton im Mittel 10^{30} Jahre oder länger lebt?

10^{30} ist eine Zahl, deren Größe sich jeder Vorstellung entzieht. Eine Eins mit 30 Nullen. Man schreibe das einmal aus und setze darunter die mittlere Lebensdauer eines Menschen – eine 7 mit einer Null. Oder das Erdalter: eine 5 mit 9 Nullen. Oder die Zeit, die seit dem Urknall (siehe folgendes Kapitel!) vergangen ist: auch das „nur" $2 \cdot 10^{10}$ Jahre, eine 2 mit 10 Nullen dahinter.

Das Wesentliche bei den Experimenten zum Nachweis des Protonzerfalls besteht darin, daß man nicht etwa ein einzelnes Proton betrachtet, sondern sehr viele, z. B. 10^{32}. (Das ist die Zahl der Protonen, die in 300 t Wasser enthalten sind.) Die mittlere Zahl der Zerfälle, mit der man pro Jahr zu rechnen hat, ist gleich der Anzahl der Protonen, geteilt durch die mittlere Lebensdauer eines einzelnen Protons, für 300 t Wasser also $10^{32} : 10^{30} = 100$.

Zur Zeit wird in sieben Experimenten nach dem Protonzerfall gesucht. Die sieben Detektoren basieren auf recht unterschiedlichen Prinzipien. Hier soll ein Experiment beschrieben werden, das ein als Čerenkov-Effekt bezeichnetes physikalisches Phänomen ausnutzt. Das Experiment steht unter Leitung des japanischen Physikers M. Koshiba und wird in einem Stollen der Erzmine von Kamioka, 300 km westlich von Tokio, durchgeführt. Der Detektor befindet sich in 1 km Tiefe. An der Erdoberfläche würden nämlich die erwarteten seltenen Signale aus Protonzerfällen durch das ununterbrochene Bombardement kosmischer Teilchen hoffnungslos überdeckt werden. In eine Tiefe von 1 000 m Gestein gelangt dagegen nur noch ein Hunderttausendstel der kosmischen Strahlung. Im Kamioka-Experiment löst sie nicht mehr als zwei bis drei Signale pro Minute aus.

Der Detektor besteht aus einem zylinderförmigen Tank von 15,5 m Durchmesser und 16 m Höhe, der mit knapp 3 000 t Wasser gefüllt ist (Abb. 27). An den Innenwänden des Tanks sind 1 000 lichtempfindliche Sensoren – sog. Sekundärelektronenvervielfacher – angebracht. Sie sollen die beim Protonzerfall erzeugten Lichtblitze auffangen.

Diese Lichtblitze kommen ähnlich zustande wie der Knall, den ein mit Überschallgeschwindigkeit fliegendes Flugzeug auslöst. Im Wasser pflanzt sich Licht nämlich nur mit 75 % der Lichtgeschwindigkeit im Vakuum ($c \approx 300\,000$ km/s) fort. Die *Va-*

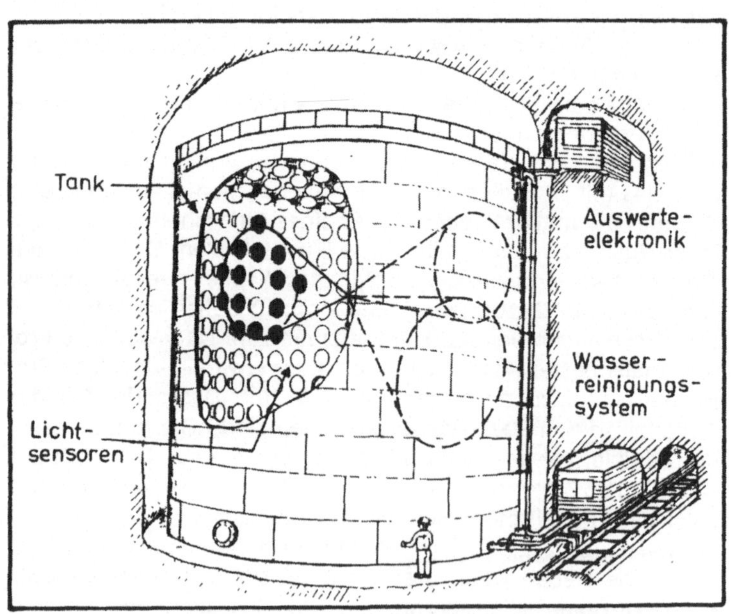

Abb. 27. Der Kamioka-Detektor zur Suche des Protonzerfalls. In der Skizze sind die drei Lichtkegel angedeutet, die für Zerfälle der Art $p \rightarrow e^+ + \pi^0$ oder $p \rightarrow \mu^+ + K^0$ charakteristisch sind

kuum-Lichtgeschwindigkeit kann bekanntlich von keinem Objekt übertroffen werden, wohl aber die „*Wasser*-Lichtgeschwindigkeit". Im Wasser können sich darum Teilchen schneller als das Licht (Photonen) bewegen. Jedes derart schnelle, geladene Teilchen löst, in Analogie zu dem bekannten Phänomen des Überschallknalls, eine Art „Überlichtblitz" aus. Das dabei erzeugte bläulich schimmernde Licht breitet sich kegelförmig in Flugrichtung der Teilchen aus. Nach ihrem Entdecker, dem sowjetischen Physiker P. A. Čerenkov, wird diese Erscheinung als Čerenkov-Effekt bezeichnet.

Wenn eines der Protonen des Wassers zerfällt, werden sehr energetische Teilchen emittiert. Sie sind im allgemeinen schnell genug, um Čerenkov-Strahlung erzeugen zu können. Bei einem Zerfall des Protons in ein e^+ und ein π^0 müßte man z. B. drei Lichtkegel beobachten (siehe Abb. 27). Einer rührt vom e^+ her, die anderen beiden, die in die entgegengesetzte Richtung zeigen, von den Sekundärprodukten des sofort weiter zerfallenden π^0. Für einen Zerfall $p \rightarrow \mu^+ + K^0$ würde man ebenfalls drei Lichtkegel erwarten, allerdings wäre die Gesamtmenge des freigesetzten Čerenkov-Lichts hier weit geringer als für den Zerfall $p \rightarrow e^+ + \pi^0$. Auch die *Form* der Kegel, rekonstruierbar aus dem Muster der angesprochenen Photosensoren, muß sich für die beiden Zerfallsarten unterscheiden.

Außer für die Identifikation des Zerfallstyps wird die Information über Lichtmenge und Kegelform auch noch für einen anderen Zweck benötigt. Anhand dieser Meßgrößen kann man nämlich die Kandidaten für einen Protonzerfall von den gelegentlich stattfindenden Wechselwirkungen kosmischer Neutrinos trennen. In Abhängigkeit von dem technischen Aufwand und Raffinement, mit dem der Detektor errichtet wurde, gelingt das mehr oder weniger gut. Eine absolut saubere Unterscheidung zwischen Protonzerfällen und Neutrinowechselwirkungen ist jedoch in keinem Experiment möglich. Es lassen sich immer nur *Wahrscheinlichkeiten* dafür angeben, ob ein bestimmtes „Ereignis" ein Protonzerfall ist oder nicht.

So sind im Kamioka-Experiment im Verlaufe von 1,0 Jahren 90 Ereignisse registriert worden, die nicht durch von außen in den Detektor eindringende geladene Teilchen ausgelöst wurden und deren Ursprungspunkt sich im inneren Detektorvolumen, mehr als 2 m von jeder Wand entfernt, befand. Solche Ereignisse können praktisch nur von Nukleonzerfällen oder Neutrinowechselwirkungen herrühren. Bei vier von ihnen erfüllen Lichtmenge und Kegelform die Bedingungen für einen Protonzerfall.

Andererseits errechnet man, daß innerhalb von 1,0 Jahren im Mittel 0,8 Neutrinowechselwirkungen zu ähnlichen Konfigurationen des emittierten Lichtes führen. Man hat also 4 Protonzerfallskandidaten mit einem „Untergrund" von 0,8 Neutrinowechselwirkungen. Nun ist einerseits die Zahl 0,8 eher ein Schätzwert als eine wirkliche genaue Angabe. Sie beruht auf der Kenntnis des Flusses der Neutrinos, die aus dem Zerfall kosmischer Teilchen in der Erdatmosphäre stammen, den Detektor durchqueren und dort Protonzerfälle vortäuschen. Diese Abschätzung ist im Moment (1985) noch mit einem großen Fehler behaftet. Der wahre Untergrund kann ebensowohl dreimal größer oder dreimal kleiner sein. Zum anderen ist 0,8 ein *Mittelwert*. Die tatsächliche Zahl der Neutrinowechselwirkungen ist natürlich statistischen Schwankungen unterworfen. Für einen Zeitraum der angegebenen Länge kann sie auch schon einmal 4 betragen. Allerdings ist die Wahrscheinlichkeit dafür nicht sehr groß.
Nehmen wir die beiden Extremfälle:

1. Alle Kandidaten sind tatsächlich Protonzerfälle. Dann beträgt die mittlere Lebensdauer des Protons etwa $3 \cdot 10^{31}$ Jahre.
2. Keines der Ereignisse ist ein Protonzerfall. Dann lebt das Proton mit 90 % Wahrscheinlichkeit länger als $6 \cdot 10^{31}$ Jahre.

Beide Zahlenangaben gelten nur für den Fall, daß der Protonzerfall überwiegend zu Endzuständen führt, zu deren Identifizierung der Detektor prinzipiell in der Lage ist. In jedem Falle kann man aber schon jetzt einige GUT-Varianten aus der Reihe der Anwärter auf eine „richtige" Theorie ausschließen. Die Lebensdauer, die sich beispielsweise aus der einfachsten Fassung der SU(5)-Theorie ergibt, ist eindeutig geringer – 10^{29} bis 10^{31} Jahre –, und der von ihr bevorzugte Zerfallsmodus ($p \rightarrow e^+ + \pi^0$) ist vom Kamioka-Experiment ohne weiteres nachweisbar.

Auch die anderen sechs Experimente gelangen zu unteren Grenzen für die Protonlebensdauer, die je nach Masse, Kompliziertheitsgrad und Betriebsdauer des Detektors zwischen 10^{30} und 10^{32} Jahren liegen. Ob das Proton instabil ist und, wenn ja, wie lange es im Mittel lebt, wird man (wenn überhaupt) erst in Zukunft mit einiger Sicherheit sagen können; dann nämlich, wenn die Abschätzungen für den Neutrino-Untergrund genauer sind und wenn die Menge und damit die statistische Signifikanz der Daten vergrößert wurden. Was den letzten Punkt betrifft, so heißt das vor allem eines: Geduldig weitermessen. Warten auf den Protonzerfall ...
Soviel zur Instabilität des Protons.

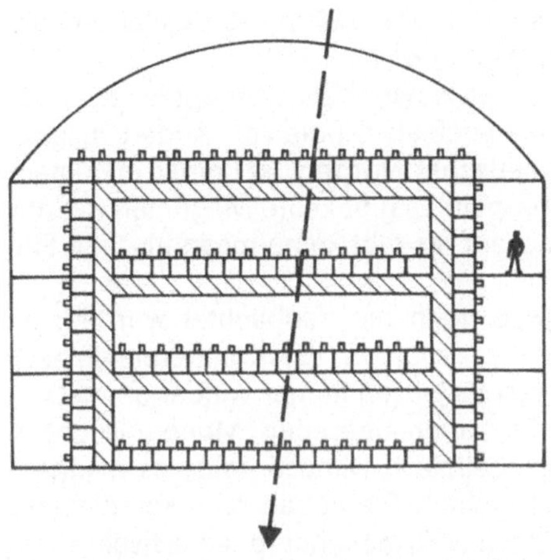

Abb. 28. Das Baksan-Experiment. Die eigentliche Bestimmung der Anlage ist der Nachweis hochenergetischer Neutrinos, die bei Wechselwirkungen kosmischer Teilchen mit der Erdatmosphäre erzeugt werden. Parallel dazu kann der Detektor auch zur Suche magnetischer Monopole eingesetzt werden.
Oben: Im Abstand von jeweils 3,6 m sind vier Detektorebenen angeordnet. Ein Monopol, der die Ebenen durchquert, erzeugt in ihnen Signale, die sich durch eine charakteristische Höhe und eine der Geschwindigkeit des Monopols entsprechende zeitliche Versetzung auszeichnen. Bis jetzt ist kein solches Ereignis gefunden worden.
Unten: Eine der vier horizontalen Detektorebenen. Die Zylinder beherbergen Sekundärelektronenvervielfacher (SEV) und sitzen auf Behältern, deren Füllflüssigkeit bei Teilchendurchgang fluoresziert. Das Lichtsignal wird von dem SEV registriert

Die GUTs sagen übrigens noch eine weitere Kuriosität voraus: die Existenz *magnetischer Monopole.*
Elektrische Ladungen kommen sowohl als Monopole, d. h. als isolierte Einzelladungen, wie auch als Dipole vor. Anders magnetische Ladungen. Ein magnetischer Nordpol ist immer mit einem magnetischen Südpol gekoppelt. Es gibt keine Magneten mit nur einem Pol, oder, anders gesagt, es gibt keine magnetischen Einzelladungen.
Daß magnetische Monopole noch nie beobachtet wurden, ist kein Grund, nicht danach zu suchen. Entsprechende Experimente werden schon seit fast 50 Jahren immer wieder einmal unternommen. Erst die GUTs haben aber den Monopolsuchern eine handfeste Vorhersage geliefert. Danach sollte es magnetische Monopole tatsächlich geben. Sie haben eine komplizierte innere Struktur und ein für ein Mikroteilchen phantastisches Gewicht. Obwohl der Durchmesser eines Monopols nicht größer sein soll als der eines Protons, ist seine Masse 10^{16}mal so groß wie die Protonmasse. Monopole wiegen also etwa so viel wie ein Bakterium!
Diese monströsen Objekte dürften in der Frühphase des Universums erzeugt worden sein und seitdem den Raum durchfliegen. Sehr viele können es allerdings nicht sein. Das bis heute genaueste Experiment zur Suche nach Monopolen mit Geschwindigkeiten zwischen 1 000 und 10 000 km/s steht in einem Bergstollen des Baksantals im Kaukasus (UdSSR). Diesem Experiment zufolge ist der Monopolfluß aus dem Weltraum auf jeden Fall nicht größer als 0,001 Monopole pro Quadratmeter und Jahr.

20. Urkraft und Urknall

Die „Großen Vereinheitlichenden Theorien" haben es erlaubt, hinter die Vielfalt der Teilchen und Kräfte zu sehen und sie als Repräsentanten *einer* Teilchenfamilie (fast könnte man sagen: als verschiedene Erscheinungsformen eines „Urteilchens") und *einer* Urkraft aufzufassen. Das gegenwärtige Universum ist so kalt, daß die Symmetrien zwischen den verschiedenen Teilchen und Wechselwirkungen „ausgefroren“ sind. In der Physik der uns zugänglichen Phänomene äußern sie sich höchstens indirekt. Es gab jedoch eine Epoche, während derer diese Symmetrien noch nicht gebrochen waren. „Epoche“ ist ein großes Wort angesichts der Dauer dieses Zeitintervalls und ein kleines angesichts seiner Bedeutung für die Struktur der Welt. Es waren die ersten Sekundenbruchteile nach dem Urknall, mit dem die Entwicklung des heutigen Universums ihren Anfang nahm ...

Im Jahre 1922 analysierte der junge sowjetische Mathematiker Alexander Friedmann die Einsteinschen Gleichungen der Allgemeinen Relativitätstheorie. Einstein zufolge gibt es keinen absoluten Raum und keine absolute Zeit. Raum, Zeit und Materie sind nicht voneinander zu trennen und beeinflussen einander. Die Struktur von Raum und Zeit hängt von der Materieverteilung ab. Die Allgemeine Relativitätstheorie ist die beste Theorie des Universums als Ganzem, die bis heute gefunden wurde. Sie stimmt mit allen Beobachtungen überein.

Friedmann fand, daß die Einsteinschen Gleichungen kein zeitlich unveränderliches Universum zulassen (es sei denn, man macht gewisse willkürliche Zusatzannahmen). Entweder bläht sich der Raum mit der Zeit auf, oder er schrumpft zusammen. Friedmann erhielt drei mögliche Lösungen.

Im ersten Fall dehnt sich das Universum mit immer geringer werdender Geschwindigkeit auf, erreicht schließlich eine maximale Größe und zieht sich dann wieder zusammen. Dieser Fall liegt vor, wenn die Materiedichte ϱ im Kosmos größer ist als ein bestimmter kritischer Wert – nennen wir ihn ϱ_k –, wenn also $\varrho > \varrho_k$ gilt. Dann ist das Universum von endlicher Größe, aber unbegrenzt. Man spricht von einem in sich *geschlossenen Weltall.*[1]

Für $\varrho < \varrho_{ka}$ nimmt die Expansion kein Ende. Der Raum ist unendlich groß, das Weltall ist *offen.*

Auch für den Grenzfall, $\varrho = \varrho_k$, expandiert das Universum auf ewig, allerdings langsamer als bei der zweiten Variante. Interessant ist, daß wir in diesem Fall unsere Vorstellungskraft nicht mit gekrümmten Räumen und dergleichen strapazieren müssen. Die Struktur des Raumes, den das Weltall als Ganzes aufspannt, ist dann im wesentlichen mit jener des uns vertrauten dreidimensionalen euklidischen Raumes identisch.

[1] Ein näheres Eingehen auf die relativistischen Aspekte des Urknalls würde den Rahmen dieses Büchleins sprengen. Genauere Auskunft darüber kann man aus dem Band 52 dieser Reihe (Nowikow: Die Evolution des Universums) erhalten.

Die astronomischen Abschätzungen der Materiedichte des Alls sind noch recht ungenau. Immerhin steht soviel fest: ϱ liegt zwischen 0,1 ϱ_k und 10 ϱ_k.
Friedmanns Lösungen erhielten Ende der zwanziger Jahre eine aufsehenerregende Bestätigung. Der englische Astronom Edwin Hubble vermaß damals das Spektrum der Strahlung, die von anderen Galaxien zu uns gelangt. Er untersuchte einen Effekt, der unter der Bezeichnung „Rotverschiebung" in das Standardvokabular der Astronomie eingegangen ist und darin besteht, daß die Spektrallinien ferner Galaxien zum langwelligen, rötlichen Bereich hin verschoben sind. Verursacht wird die Rotverschiebung durch den Dopplereffekt, der im akustischen Analogiefall das Hupsignal eines Autos beim Davonfahren tiefer (≙ langwelliger) klingen läßt als beim Heranfahren. Allgemein verschieben sich die von einem Beobachter wahrgenommenen Wellenlängen – von Schallwellen ebenso wie von Lichtwellen – zum Längeren hin, wenn sich das aussendende Objekt von ihm entfernt.
Hubble stellte fest, daß die Rotverschiebung um so größer ist, je weiter die Galaxie von unserer eigenen entfernt ist. Das heißt, daß andere Galaxien von uns fortstreben, und zwar mit einer Geschwindigkeit, die proportional ihrem Abstand zu uns ist. Da unsere Galaxie kein irgendwie ausgezeichnetes Objekt im Kosmos ist, müssen *alle* Galaxien mit einer Geschwindigkeit, die ihrer Entfernung proportional ist, voneinander fliehen.
Wenn die Galaxien tatsächlich auseinanderfliegen, dann müssen sie einmal eng beeinander gewesen sein. Extrapoliert man die Fluchtbewegung rückwärts, in die Vergangenheit, dann ergibt sich, daß diese Ära etwa 20 Milliarden Jahre zurückliegen muß. (Zum Vergleich das Erdalter: rund 4,6 Milliarden Jahre). Damals muß es, wenn man die Friedmannschen Modelle konsequent zurückrechnet, einen Augenblick gegeben haben, in dem das gesamte sichtbare Universum auf einen Punkt zusammengeschrumpft war. Für diese sog. kosmologische Singularität, den Urknall, ergibt sich eine unendlich hohe Materiedichte. Es ist allerdings nicht statthaft, die Extrapolation tatsächlich bis zu einem hypothetischen Zeitpunkt Null vorzunehmen. Die gegenwärtigen Theorien erlauben bestenfalls Spekulationen über das, was sich 10^{-43} Sekunden oder länger nach der Singularität abgespielt haben könnte.
Der Begriff des Urknalls wurde in den vierziger Jahren geprägt. Der Urknallhypothese zufolge begann die Geschichte des Universums als gewaltige Explosion aus einem extrem heißen Zustand mit unvorstellbar hoher Dichte. Das Wort Explosion ist in-

sofern etwas irreführend, als man sich darunter keine Detonation vorstellen darf, die sich gewissermaßen von außen hätte beobachten lassen können. In diesem Falle gibt es keine Außenposition, auf die sich ein imaginärer Beobachter zurückziehen könnte; denn was da explodierte und sich ausdehnte, war das gesamte Universum, der Raum selbst. Die immer noch anhaltende Expansion spiegelt sich in den Fluchtbewegungen der Galaxien wider.

Die Vorstellung einer heißen Frühphase des Alls wurde im folgenden durch verschiedene Beobachtungen erhärtet. Die wichtigsten experimentellen Bestätigungen des Urknallmodells liefern die 1965 entdeckte kosmische Hintergrundstrahlung und das Verhältnis von Helium zu Wasserstoff im gesamten Weltall. Wir werden im übernächsten Kapitel noch einmal darauf zurückkommen.

In den siebziger Jahren hatte sich die Mehrzahl der Kosmologen auf ein bis in Details durchgerechnetes Modell des Urknalls, das sog. Standardmodell, geeinigt. Damit konnte man die Evolution des Universums von einem Zeitpunkt an, der etwa eine hundertstel Sekunde nach dem Urknall lag, beschreiben. Die Temperatur des Universums betrug in diesem Moment etwa 100 Milliarden Kelvin (10^{11} K)[1]. Dabei entfällt auf ein einzelnes Elementarteilchen eine mittlere Energie von 10 MeV (also 0,01 GeV).

In Maßstäben der Elementarteilchenphysik gerechnet, ist 10 MeV eine sehr geringe Menge. Die Elementarteilchenphysik fängt eigentlich erst dort an, wo die Energien der Reaktionspartner ausreichen, *neue* Hadronen zu erzeugen.

Bezeichnen wir die Zeit, die seit dem Urknall vergangen ist, mit t, dann ist das für $t < 10^{-5}$ s der Fall. Von da ab rückwärts gerechnet, liegen die mittleren Energien der Teilchen, die die siedende Urmaterie bilden, im GeV-Bereich. Pionen (Masse = 0,14 GeV/c^2), Protonen (Masse = 0,94 GeV/c^2) und nach und nach auch die schwereren Hadronen können frei erzeugt werden. Hier beginnt die faszinierende Symbiose zwischen Elementarteilchenphysik und Kosmologie, der die restlichen Kapitel gewidmet sind.

Gehen wir die Zeitachse von $t \approx 10^{-5}$ s rückwärts. Für $t < 10^{-6}$ s übersteigt die mittlere Energie pro Teilchen 10 GeV. Die Bestandteile des Urplasmas reiben sich jetzt mit solcher Wucht aneinander, daß Hadronen nicht mehr als selbständige Gebilde

[1] Zum Vergleich die Temperatur im Innern der Sonne: etwa 15 Mill. Kelvin ($1{,}5 \cdot 10^7$ K).

existieren können. Sie werden in ihre Bestandteile zerrissen – in Quarks und Gluonen. Die Materiedichte ist so groß, daß die Quarks im Mittel weniger als 10^{-13} cm voneinander entfernt sind. Sie befinden sich also im Zustand der „asymptotischen Freiheit" (siehe Kap. 14).

Die Ingredienzien des Universums sind jetzt Leptonen, Quarks, Photonen und Gluonen. Zwischen diesen Teilchen herrscht ein thermodynamisches Gleichgewicht, d. h., sie wandeln sich in mannigfaltigen Reaktionen ineinander um. Dabei verläuft jede Reaktion in beide möglichen Richtungen, und zwar mit jeweils gleicher Häufigkeit. Zum Beispiel vernichten sich Elektronen und Positronen ständig, und aus der dabei freigesetzten Energie entstehen Quark-Antiquark-Paare. Ebensooft entstehen aber bei Zusammenstößen von Quarks und Antiquarks auch Elektron-Positron-Paare.

Ab $t < 10^{-15}$ s ist die Energie so groß, daß auch freie W- und Z-Teilchen erzeugt werden können: $E \approx 100$ GeV pro Teilchen. Nun wird auch die Brechung der Symmetrie zwischen elektromagnetischer und schwacher Wechselwirkung aufgehoben. Die beiden Kräfte verschmelzen völlig zur elektroschwachen Kraft. Die Bedingungen, die Carlo Rubbia in seinem Nobelpreis-Experiment mit einem Riesenaufwand an Erfindergeist, Technik und Arbeitskraft erreichte, waren 10^{-10} s nach der kosmischen Singularität im ganzen Universum realisiert.

Gehen wir noch näher an den hypothetischen Nullpunkt der Zeit heran. Bei $t \approx 10^{-33}$ s hat das siedende Chaos eine Temperatur von 10^{28} Kelvin erreicht, das entspricht einer mittleren Teilchenenergie von 10^{15} GeV. Wir erinnern uns: Zu ebenfalls etwa 10^{15} GeV/c^2 wird von den einfachsten GUT-Varianten die Masse der X-Teilchen abgeschätzt. Diese superschweren Mittler vermögen Quarks in Leptonen und Leptonen in Quarks zu verwandeln.

Aufgrund der hohen Energiedichte können jetzt auch die X-Bosonen als freie Teilchen erzeugt werden und gleichberechtigt neben Quarks, Leptonen, Gluonen, Photonen, W- und Z-Bosonen existieren. Nun sind wirklich *alle* Teilchen, die wir in den vorhergehenden Kapiteln beschrieben haben, als Akteure auf der Bühne erschienen.

Die Dichte des Urplasmas ist jetzt so groß, daß der mittlere Teilchenabstand auf 10^{-29} cm geschrumpft ist. Bei diesen Abständen haben sich die Kopplungskonstanten der elektromagnetischen, der schwachen und der Farbkraft auf den gleichen Wert eingepegelt. Damit sind schließlich alle Unterschiede zwischen den

drei Kräften zusammengeschmolzen. Es *gibt* nicht mehr drei separate Kräfte: Die Urkraft der Quarks und Leptonen regiert das Geschehen.
Urknall und Urkraft – die Brücke ist geschlagen. Für einen winzigen Augenblick vor 20 Milliarden Jahren, in einem unvorstellbar heißen und dichten Zustand, war die Große Symmetrie zwischen allen Teilchen und Kräften Wirklichkeit. Das Laboratorium, in dem die Großen Vereinheitlichenden Theorien einer direkten Prüfung zugänglich gewesen wären, hat existiert. Es war nur niemand da, um darin zu experimentieren.
Wenn im vorletzten Satz von der Großen Symmetrie zwischen *allen* Kräften die Rede war, so stimmt das nicht ganz, zumindest nicht für den Zeitpunkt $t = 10^{-33}$ s. Es gibt ja noch eine vierte Kraft, die Gravitationskraft. Die Gravitation nimmt bis heute eine Sonderrolle ein. Alle Versuche, auch sie in den Vereinigungsreigen mit einzubeziehen, waren erfolglos oder sind hochgradig spekulativ.
Die anderen Kräfte kann man mit quantentheoretischen Methoden beschreiben. Sie wirken *in* Raum und Zeit, oder, anders gesagt: Raum und Zeit bilden die vorgegebene Bühne, auf der sich das Geschehen der elektromagnetischen, schwachen und starken Wechselwirkungen abspielt. Anders die Gravitation. In der bis heute besten Theorie der Gravitation, der Allgemeinen Relativitätstheorie, wird die Schwerkraft nicht einfach als ein Darsteller vor der passiven Kulisse von Raum und Zeit verstanden. Vielmehr bewirkt sie eine Verformung der Raum-Zeit. Ein Gravitationsfeld wird in der Einsteinschen Konzeption nicht durch den Austausch von Mittlerteilchen beschrieben, sondern stellt eine Krümmung des Raum-Zeit-Kontinuums dar.
In einer Quantentheorie der Gravitation wird man auch der Schwerkraft ein Mittlerteilchen zuweisen. Man nennt es *Graviton*. Obwohl die makroskopischen Wirkungen der Schwerkraft wohlbekannt sind, hat man Gravitationswellen oder Gravitationen als einzelne Teilchen bisher nicht nachweisen können. Es ist also noch nicht gelungen, die Analogexperimente zum Hertzschen Versuch (Nachweis elektromagnetischer Wellen) oder zur Entdeckung des photoelektrischen Effekts (Grundlage der Korpuskulartheorie des Lichts) mit Erfolg durchzuführen. Angesichts der relativen Schwäche der Gravitationskraft kann das auch nicht verwundern. Immerhin ist die Massenanziehung etwa zwischen zwei Elektronen um 10^{36}mal kleiner als ihre Abstoßung aufgrund der elektrischen Ladungen.
Nähert man sich der kosmischen Singularität auf 10^{-43} s, dann

ändert sich dieses Größenverhältnis zugunsten der Schwerkraft. Die Quanteneffekte der Gravitation, in einer weniger dichten Welt ohne Belang, beginnen jetzt eine dominierende Rolle zu spielen. Der mittlere Abstand der Teilchen (soweit man überhaupt noch von „Teilchen" sprechen kann) hat sich auf 10^{-33} cm verringert. Die Fluktuationen, denen das Gravitationsfeld aufgrund seiner Quantennatur und der Existenz virtueller Teilchen unterworfen ist, führen zu Schwankungen der Raum-Zeit-Struktur. Dadurch ist es theoretisch möglich, daß die Aufeinanderfolge von Ereignissen umgekehrt und die Bedeutung von Vergangenheit und Zukunft örtlich austauschbar wird. Wie diese extreme Welt mathematisch faßbar ist, weiß im Moment noch niemand, obwohl Physiker in aller Welt an einer Quantengravitationstheorie arbeiten.
Unter den unterschiedlichen Ansätzen zur Vereinigung aller vier Fundamentalkräfte gibt es einen, der auf das wachsende Interesse der Elementarteilchenphysiker stößt. Er basiert auf einem Prinzip, das als Supersymmetrie (SUSY) bezeichnet wird. An mathematischer Eleganz sind die SUSY-Theorien den Standard-GUTs überlegen. Während jene aber die experimentell weitgehend abgesicherten Theorien der elektroschwachen und der Farbkraft als Ausgangspunkt benutzen, fehlt den supersymmetrischen Modellen z. Z. noch ein wirkliches Bindeglied zur realen Welt. Das kann sich – durch Fortschritte in der Theorie wie im Experiment – durchaus ändern. Im Moment sind die SUSY-Theorien jedoch noch ziemlich spekulativ. Wir müssen unsere „Reise zum Zeitpunkt $t = 0$" darum bei $t \approx 10^{-43}$ s beenden. Die Welt, in der ein übergeordnetes Symmetrieprinzip elektromagnetische, schwache, Farb- und Schwerkraft zu einer wirklich allumfassenden Urkraft zusammenschweißt, bleibt vorerst für uns im Dunkeln.

21. Warum gibt es keine Antiwelten?

Zu jeder Teilchenart gibt es eine entsprechende Sorte von Antiteilchen. Gleich in bezug auf ihre Masse, nehmen die beiden für eine Reihe von Merkmalen genau entgegengesetzte Werte an,

z. B. für die elektrische Ladung. Einige Teilchen-Antiteilchen-Paare wurden schon mehrmals erwähnt: Proton und Antiproton, Elektron und Positron, positives und negatives Pion (π^+ und π^-). Auch zum Neutron existiert ein Antiteilchen, das Antineutron. Im Gegensatz zum Neutron zerfällt es nicht in Proton, Elektron und Antineutrino, sondern in deren Antiteilchen, also in Antiproton, Positron und Neutrino. Manche neutrale Teilchen sind ihre eigenen Antiteilchen – etwa das Photon oder das neutrale Pion, π^0.
Die Gesetze der Natur scheinen vollkommen symmetrisch in bezug auf Materie und Antimaterie zu sein: der Anteil der kinetischen Energie, der in hochenergetischen Teilchenkollisionen in Massenenergie transformiert wird, dient gleichermaßen zur Erzeugung von Antiteilchen und Teilchen; die Lebensdauern von Teilchen und Antiteilchen sind exakt dieselben; genauso wie man aus Protonen und Neutronen Kerne formen kann, hat man in Beschleunigerexperimenten Antikerne erzeugt, die aus Antiprotonen und Antineutronen bestehen – um nur einige Beispiele zu nennen.
Trotzdem besteht die Welt, soweit wir wissen, fast ausschließlich aus Materie und nicht aus Antimaterie. Die Atome, aus denen wir selbst und unsere greifbare Umgebung geformt sind, setzen sich aus Protonen, Neutronen und Elektronen zusammen. Das gleiche gilt für unser gesamtes Milchstraßensystem. Die kosmischen Strahlen, die vorwiegend galaktischen Ursprungs sein dürften, sind fast ausnahmslos Elektronen, Protonen sowie Kerne, die sich aus Protonen und Neutronen zusammensetzen. Zwar kommen auch einige Antiprotonen aus dem kosmischen Raum zu uns; doch selbst unter der Annahme, daß sie alle von Antisternen emittiert wurden, findet man, daß nur jeder zwanzigtausendste Stern des Milchstraßensystems aus Antimaterie bestehen kann. Wahrscheinlicher als diese Interpretation ist die Annahme, daß die beobachteten Antiprotonen in Stoßprozessen zwischen kosmischen Strahlungsteilchen und interstellarer Materie gebildet werden. Auch wenn eine der unserem Milchstraßensystem benachbarten Galaxien in Wahrheit eine Antigalaxie wäre, müßte sich das in einem signifikant höheren Strom kosmischer Antiteilchen bemerkbar machen. Die Existenz von größeren Ansammlungen von Antimaterie kann deshalb für einen Umkreis von einigen Millionen Lichtjahren (d. h. von einigen 10^{19} km) mit recht großer Sicherheit ausgeschlossen werden.
Etwas schwieriger wird die Sache für noch weiter entfernte Galaxien. All unsere Information über diese Objekte erhalten wir durch den Nachweis der Photonen (Licht, Röntgenstrahlen, Ra-

diowellen, Gammastrahlen), die von dort durch die Weiten des Raumes zu uns gelangen. Da aber das Photon sein eigenes Antiteilchen ist, kann man ein Photon, das von Antimaterie emittiert wird, nicht von einem Photon unterscheiden, das von Materie ausgestrahlt wird. Das Licht von Antiwelten wäre demnach völlig identisch mit dem von „normalen" Welten.

Wenn aber nicht – durch irgendeinen unerklärten Mechanismus – Materie und Antimaterie prinzipiell großräumig voneinander getrennt sein sollten, kann man jedoch auch die Existenz sehr weit entfernter Antigalaxien mit einiger Wahrscheinlichkeit ausschließen. Kämen sich nämlich eine Galaxie und eine Antigalaxie nahe, dann würden an der Grenzregion zwischen ihnen Teilchen und Antiteilchen zerstrahlen („annihilieren") und dabei eine charakteristische Gammastrahlung erzeugen. Trotz genauen Studiums aller bekannten astronomischen Quellen von Gammastrahlung hat man aber bei keinem Objekt ein entsprechendes Strahlungsspektrum nachweisen können. Das Universum, soweit es unserer Beobachtung zugänglich ist, scheint also im wesentlichen aus Materie, nicht aus Antimaterie zu bestehen!

Wie kam es zu der heute beobachteten Asymmetrie zwischen Materie und Antimaterie? Eine Möglichkeit ist, daß das Universum von Beginn an, seit dem Urknall, materiedominiert war. Es hätte demnach von Anfang an mehr Baryonen als Antibaryonen oder, was dasselbe ist, mehr Quarks als Antiquarks gegeben.

Diese Hypothese kann nicht widerlegt werden. Trotzdem ist sie äußerst unbefriedigend. Mit willkürlich vorausgesetzten Anfangsbedingungen kann man, wenn man will, so etwa alles erklären. Solange man allerdings die Begründung für die gewählten Anfangsbedingungen schuldig bleibt, ist der Erkenntniswert einer solchen Hypothese gering.

Weit natürlicher ist es, einen symmetrischen Anfangszustand vorauszusetzen und sich dann über einen sinnvollen Mechanismus Gedanken zu machen, der zu der beobachteten Quark-Antiquark-Asymmetrie geführt hat.

Die konventionelle Beschreibung von elektromagnetischer, schwacher und starker Kraft erwies sich als ungeeignet zur Erklärung des Quarküberschusses. Erst die GUTs lieferten ein Szenarium, nach dem die Entstehung unserer von Antimaterie weitgehend freien Welt verlaufen sein könnte. Schauen wir uns dieses Szenarium im einzelnen an!

Die Handlung beginnt zu einem Zeitpunkt, der durch weniger als 10^{-35} s von der kosmologischen Singularität getrennt ist. Die

Temperatur des Urplasmas ist höher als 10^{28} K, die mittlere Teilchenenergie übertrifft 10^{15} GeV. Alle im Verlauf dieses Büchleins vorgestellten Teilchen, einschließlich der superschweren X-Bosonen, befinden sich im thermodynamischen Gleichgewicht. Sie werden erzeugt, zerfallen, wandeln sich ineinander um. Wir hatten diesen Zustand schon einmal, auf S. 102, beschrieben. Es gibt ebenso viele Quarks wie Antiquarks, X-Bosonen wie Anti-X-Bosonen ($\bar{X}$) usw. usf.

Den einfachsten GUT-Varianten zufolge können die X-Teilchen bei der Kollision zweier Quarks bzw. eines Antileptons und eines Antiquarks produziert werden:

$q + q \rightarrow X$ oder $\bar{q} + \bar{l} \rightarrow X$.

Der Zerfall der X-Teilchen ist nichts weiter als der umgekehrte Prozeß:

$X \rightarrow q + q$ oder $X \rightarrow \bar{q} + \bar{l}$.

Abbildung 29 zeigt die schematische Darstellung der Zerfälle eines X-Bosons und seines Antiteilchens, des $\bar{X}$.

Ein Überschuß an Quarks kann offensichtlich nur dann entstehen, wenn der prozentuale Anteil der qq-Reaktion in bezug auf alle X-Zerfälle *(R)* größer ist als jener der $\bar{q}\bar{q}$-Reaktion in bezug auf alle $\bar{X}$-Zerfälle *($\bar{R}$)*. Würde die Teilchen-Antiteilchen-Symmetrie streng gelten, dann müßte $R = \bar{R}$ sein; denn schließlich ist der Prozeß in der rechten Hälfte von Abb. 29 nichts anderes als der Zerfall, den man erhält, wenn man auf der linken Seite konsequent Teilchen und Antiteilchen vertauscht. Eine solche Ver-

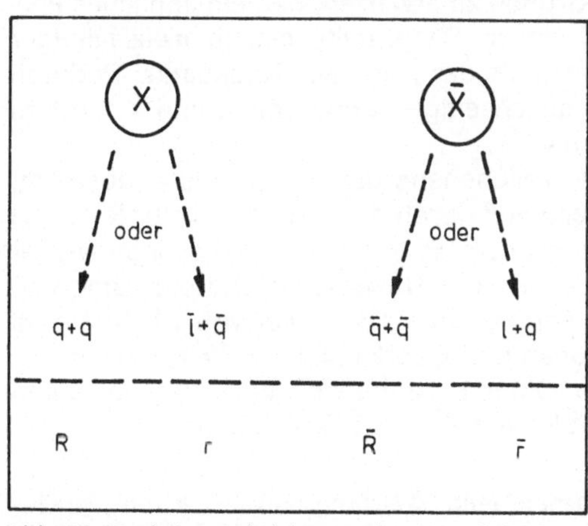

Abb. 29. Zerfallsmöglichkeiten des X und des Anti-X.
Am unteren Bildrand sind die Zerfallsraten, d. h. die relativen Anteile der betreffenden Zerfallsvarianten, angegeben

tauschungsoperation wird als CP-Transformation[1] bezeichnet. Wir müssen demnach an dieser Stelle des Modells eine Verletzung der Invarianz der Naturgesetze unter der CP-Transformation einbauen.

Wenn es zu Beginn dieses Kapitels hieß, die Gesetze der Natur seien *vollkommen* symmetrisch in bezug auf Materie und Antimaterie oder, anders gesagt, *völlig CP-invariant*, dann stimmte das nicht ganz. In der Tat gibt es nämlich einen Prozeß (einen *einzigen*, nebenbei bemerkt), bei dem man experimentell eine winzige *CP-Verletzung* hat nachweisen können. Es handelt sich dabei um den Zerfall des langlebigen neutralen Kaons, des K^0_L. Das K^0_L ist weder ein echtes Teilchen noch ein echtes Antiteilchen. Vielmehr ist es eine Mischung aus dem reinen K^0-Zustand (Teilchen) und dem reinen $\bar{K}^0$-Zustand (Antiteilchen): genau 50 % K^0 und 50 % $\bar{K}^0$. Da das K^0_L zu gleichen Teilen aus K^0 und $\bar{K}^0$ besteht, muß jeder experimentell beobachtete Zerfall gleich häufig auch in seiner „Antiteilchenversion" nachweisbar sein. Bei exakter Symmetrie zwischen Teilchen und Antiteilchen müßten z. B. die Endzustände $e^+ + \pi^- + \nu_e$ und $e^- + \pi^+ + \bar{\nu}_e$ genausooft beobachtet werden. Experimentell erhält man aber für das Verhältnis der Zerfallshäufigkeit nicht exakt 1, sondern

$$\frac{K^0_L \rightarrow e^+ + \pi^- + \nu_e}{K^0_L \rightarrow e^- + \pi^+ + \bar{\nu}_e} = 1{,}0067 \pm 0{,}0003 .$$

Im K^0_L-Zerfall ist also die CP-Invarianz verletzt!

Es gibt theoretische Gründe zu erwarten, daß ein ähnliches Phänomen beim X-Zerfall auftritt. Das X sollte danach etwas häufiger in zwei Quarks zerfallen als das $\bar{X}$ in zwei Antiquarks. Dadurch wird $R > \bar{R}$, und der gleichzeitige Zerfall von X und $\bar{X}$ führt zu einem Quarküberschuß.

Solange die mittlere Teilchenenergie die X-Masse übertrifft, wird dieser Quarküberschuß durch die in umgekehrter Richtung ablaufenden Erzeugungsprozesse von X- und $\bar{X}$-Bosonen wieder ausgelöscht. Die Expansion des Universums und die damit verbundene Abkühlung sorgen aber dafür, daß von $t \approx 10^{-35}$ s ab die Energie der Leptonen und Quarks nicht mehr ausreicht, um 10^{15} GeV/c^2 schwere Objekte zu bilden. Von nun ab laufen darum nur noch *Zerfälle* von X- und $\bar{X}$-Teilchen ab.

[1] C von „charge conjugation" (engl. ≙ Ladungsumkehr), P von „Paritätsoperation" (≙ Spiegelung). Bei gleichzeitiger Umkehr von Ladung (C-Operation) und Händigkeit (P-Operation) kann man ein Teilchen in sein Antiteilchen transformieren.

Zum Zeitpunkt $t \approx 10^{-32}$ s sind alle superschweren Bosonen ausgestorben. Das Resultat ist ein winziger Quarküberschuß. Das Verhältnis Materie zu Antimaterie beträgt etwa 1,000000000001 : 1; es gibt also nur ein Billionstel mehr Quarks als Antiquarks!

Bis 10^{-4} s nach dem Urknall bleibt es bei dieser kaum merklichen Differenz. Dann wird eine weitere Schwelle unterschritten: die Energieschwelle zur Erzeugung von Quarks. Bis dahin sind Quarks genausooft vernichtet wie erzeugt worden, etwa in Prozessen wie

$q + \bar{q} \rightarrow \gamma + \gamma$, $q + \bar{q} \rightarrow \gamma$, $q + \bar{q} \rightarrow e^+ + e^-$
$q + \bar{q} \rightarrow \nu + \bar{\nu}$ (Vernichtung),
$\gamma + \gamma \rightarrow q + \bar{q}$, $e^+ + e^- \rightarrow q + \bar{q}$,
$\nu + \bar{\nu} \rightarrow q + \bar{q}$ (Erzeugung).

Von nun an aber reicht die Energie der Photonen, Elektronen, Positronen, Neutrinos und Antineutrinos nicht mehr aus, um Quark-Antiquark-Paare zu erzeugen. Was folgt, ist eine reine Vernichtungsschlacht.

Jedes Antiquark trifft früher oder später auf ein Quark und zerstrahlt mit ihm in „reine Energie" (d. h. in Photonen) oder in $\nu\bar{\nu}$-Paare. Nur die wenigen Überschuß-Quarks finden keinen Partner, mit dem sie annihilieren könnten; sie überleben. Später, wenn der Kosmos noch kühler wird, schließen sich jeweils drei von ihnen zu Baryonen zusammen – zu Protonen (uud) und zu Neutronen (udd). Zusammen mit den Elektronen, die als Relikte einer analogen Vernichtungsaktion zwischen Positronen und Elektronen übrig geblieben sind, formen sie schließlich die Bausteine der heutigen Welt, die Atome.

Die einzigen Antiteilchen, die am Ende des GUT-Szenariums überlebt haben, sind die Antineutrinos. Die Dichte des Universums ist nämlich schon nach etwa einer Sekunde so gering, daß die schwach wechselwirkenden Neutrinos mit anderen Teilchen praktisch nicht mehr zusammenstoßen, also auch nicht zerstrahlen. Alle anderen Antiteilchen sind verschwunden. Was von ihnen bleibt, sind die Photonen und die $\nu\bar{\nu}$-Paare, in die sie mit ihren Teilchen-Partnern zerstrahlt sind. Man hat das kosmische Verhältnis von Baryonen zu Photonen experimentell bestimmt. Es liegt zwischen $1:10^8$ und $1:10^{10}$ – ein Wertebereich, der mit den obigen Argumenten sehr wohl reproduziert werden kann.

Es soll hier nicht der Eindruck erweckt werden, daß das GUT-Szenarium zur Entstehung der Asymmetrie zwischen Materie und Antimaterie schon wirklich etabliert sei. Man benötigt für dieses Szenarium die X-Teilchen. Der indirekte Beweis für deren

Existenz wäre der Protonzerfall, und der ist bis heute experimentell noch nicht eindeutig nachgewiesen. Die Einzelheiten der CP-Verletzung und die kosmische Expansionsrate kurz nach dem Urknall sind ebenfalls zu wenig bekannt, um wirklich genaue Rechnungen zu erlauben. Und dennoch – die Großen Vereinheitlichenden Theorien erlauben erstmalig, eine logisch schlüssige Ereigniskette zu konstruieren, die zwei der grundlegendsten astronomischen Beobachtungen erklärt: das Fehlen von Antimaterie im gesamten sichtbaren Universum sowie das kosmische Verhältnis zwischen Photonen und Baryonen. Zwei winzige Effekte – die CP-Verletzung im K^0-Zerfall und der noch zu entdeckende Protonzerfall – könnten sich dabei als späte Zeugen des Geschehens erweisen, das vor 20 Milliarden Jahren zur Stofflichkeit unserer Welt führte.

22. Die Welt vom Anfang bis zum Ende

Wir haben schon mehrfach betont, wie problematisch es ist, Begriffe der Alltagssprache zur Beschreibung von Vorgängen zu benutzen, die weit außerhalb unseres direkten Erfahrungsbereiches liegen. „Anfang" ist normalerweise ein wohldefinierter Begriff. In unmittelbarer Nähe der kosmologischen Singularität ($t < 10^{-43}$ s), unter physikalischen Bedingungen, bei denen sich Raum und Zeit gänzlich anders verhalten, als wir es gewohnt sind, ist das anders. Raum und Zeit erlangen nun wahrscheinlich einen gequantelten, diskreten Charakter, sie fluktuieren, oder, um einen beliebten Vergleich zu benutzen, sie werden „schaumig". Wenn die Struktur der Raum-Zeit Quantenfluktuationen unterworfen ist, ist kein traditioneller Hintergrund mehr vorhanden, auf dem eine physikalische Theorie in gewohnter Weise formulierbar wäre. Raum und Zeit sind nicht mehr die vorgegebene Bühne, auf der das Geschehen abläuft. Sie werden selbst zu Akteuren. Unter diesen Umständen läßt sich auch nicht mehr wie gewohnt definieren, was man unter „Anfang" von etwas zu verstehen hat – nämlich den Moment, in dem dieses Etwas beginnt und *vor* dem es nicht existierte. Die Frage, was *vor* der

Singularität, etwa in der minus ersten Sekunde, stattgefunden hat, wäre demnach inkorrekt gestellt.
Die mathematischen ebenso wie die begrifflichen Probleme der Welt bei $t < 10^{-43}$ s sind gegenwärtig noch ungelöst. Die Frage nach einem „Anfang" des Universums ist daher im Moment höchst spekulativ. Möglicherweise ist sie sogar sinnlos. Das gleiche gilt für die Frage nach dem „Entstehungsmechanismus" des Weltalls. Zwar ist von verschiedenen Autoren der Versuch unternommen worden, den Kosmos als Ganzes, unter Einschluß von Raum und Zeit, als energetische Fluktuation des Vakuums zu verstehen; doch sind die damit verbundenen begrifflich-philosophischen Schwierigkeiten gewaltig.
Wir wollen das kosmische Drama daher an derjenigen Stelle beginnen lassen, wo sich nach dem heutigen Erkenntnisstand der Vorhang wirklich zu heben beginnt: bei $t \approx 10^{-43}$ s. Von hier ab trifft man Verhältnisse an, auf die sich die Großen Vereinheitlichenden Theorien der Elementarteilchenphysik anwenden lassen. Einige der Akte des Dramas sind in den beiden vorhergehenden Kapiteln vorgestellt worden. Wir wollen die Handlung jetzt noch einmal zusammenhängend ablaufen lassen und dabei die noch offenen Lücken füllen.

1. Akt (10^{-43} s – 10^{-36} s): Die Große Einheit

Die Temperatur des Universums beträgt zu Beginn dieses Abschnitts mehr als 10^{32} K. Der Kosmos ist mit einem unglaublich dichten Urplasma angefüllt. Starke, schwache und elektromagnetische Kraft sind ununterscheidbar und zu einer „Urkraft" verschmolzen. Außer den bei niedrigen Energien bemerkbaren Kraftmittlern (Photon, W- und Z-Bosonen, Gluonen) agieren auch die superschweren X-Bosonen als Austauschteilchen. Die Gesamtheit aller Mittler erlaubt es, Strukturteilchen beliebig ineinander zu transformieren. Insbesondere kann man Quarks in Leptonen und Leptonen in Quarks umwandeln. Die Große Symmetrie zwischen allen Teilchen und Kräften (die Gravitationskraft ausgenommen) ist noch nicht gebrochen.
Am Ende des ersten Aktes ist die Temperatur auf etwa 10^{29} K gesunken; das entspricht einer mittleren Energie pro Teilchen von 10^{16} GeV.

2. Akt ($10^{-36} - 10^{-32}$ s): Die Inflation und die erste Symmetriebrechung

Bei einer mittleren Teilchenenergie von 10^{16} GeV beginnt die Erzeugungsrate der X-Bosonen kleiner als ihre Zerfallsrate zu werden. Die X-Bosonen sterben daher langsam aus. Auch Prozesse mit X-Austausch werden immer seltener. Im Zusammenhang damit wird die Symmetrie zwischen Farbkraft einerseits und elektroschwacher Kraft andererseits gebrochen.
Wie der sowjetische Physiker A. D. Linde schon in den siebziger Jahren zeigte, lassen sich derartige Symmetriebrechungen als Phasenumwandlungen behandeln. Eine hochsymmetrische Phase geht durch Abkühlung in eine weniger symmetrische Phase über – ähnlich wie sich Wasser bei Abkühlung in das kristalline (und damit räumlich nicht mehr symmetrische) Eis umwandelt. Bei 10^{-36} bis 10^{-35} s wäre aufgrund der sinkenden Temperatur des Universums der erste Phasenübergang fällig. Eine genaue Untersuchung der Kinetik dieses Prozesses zeigt jedoch, daß der Übergang in die weniger symmetrische Phase sich verzögert. Die symmetrische Phase wird stark unterkühlt, die Temperatur sinkt auf ein Zehntausendstel des Wertes, der sich aus der Extrapolation der Entwicklung bei $t < 10^{-36}$ s ergibt (siehe Abb. 30). Dann tritt explosionsartig der Phasenübergang ein. Während der Unterkühlung der symmetrischen Phase wurde eine riesige potentielle Energie als latente Wärme gespeichert. Diese gesamte Energie wird jetzt mit einem Schlag freigesetzt. Das Universum heizt sich wieder auf und bläht sich innerhalb kürzester Zeit um einen Faktor 10^{50} oder mehr auf. Diese Expansionsphase wird als *kosmische Inflation* bezeichnet. Das Modell des inflationären Universums wurde zu Beginn der achtziger Jahre von dem Amerikaner A. H. Guth in Cambridge (USA) und von A. D. Linde in Moskau entwickelt. Ein näheres Eingehen auf die Inflationshypothese würde den Rahmen unserer Darstellung sprengen. Es sei nur so viel gesagt, daß dieses Modell gleich einen ganzen Sack kosmologischer Rätsel zu klären vermag: warum die Dichte des Weltalls so nahe bei der kritischen Dichte liegt (und nicht beispielsweise hundert Millionen Mal größer oder kleiner ist); warum der sichtbare Kosmos im großen und ganzen homogen und isotrop[1] ist; warum es offenbar nur sehr wenige Monopole im Weltraum gibt – um nur einige der Fragen zu nennen.

[1] Homogen: von jedem Beobachtungspunkt aus gleiche Eigenschaften aufweisend; isotrop: nach allen Richtungen hin gleich erscheinend.

Nach Beendigung der Inflation ist die Große Symmetrie gebrochen. Die X-Teilchen sind ausgestorben und haben dabei einen winzigen Überschuß an Quarks im Vergleich zu den Antiquarks erzeugt. Das Geschehen zwischen den nunmehr getrennten Teilchensorten der Quarks und der Leptonen wird durch *drei* separate Fundamentalkräfte beschrieben: Farbkraft, elektroschwache Kraft und (inzwischen extrem abgeschwächt) Gravitationskraft. Der kosmische Uhrzeiger steht auf 10^{-32} s.

3. Akt (10^{-32} – 10^{-11} s): Die Große Wüste

Zu Beginn dieses Abschnitts beträgt die mittlere Energie pro Teilchen etwa 10^{14} GeV, an seinem Ende nur noch einige hundert GeV. Den gängigen GUT-Varianten zufolge ereignete sich in dieser Zeit nichts Bemerkenswertes. Während sonst nach jeweils drei oder vier Zehnerpotenzen Temperaturabfall ein einschneidendes Ereignis eine neue Phase des Urknalls einleitet, geschieht hier über mehr als elf Zehnerpotenzen nichts.
Die Bedingungen am Ende des dritten Aktes sind an den heute existierenden Beschleunigern gerade schon reproduzierbar. Ob für Energien oberhalb 10^3 GeV wirklich eine trostlose Wüste

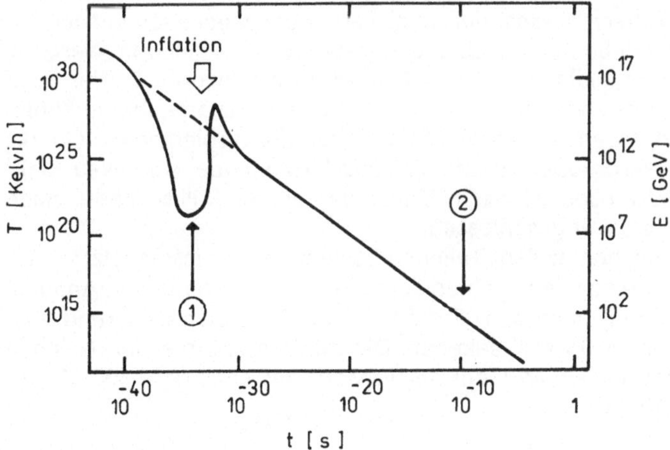

Abb. 30. Die Brechung der Symmetrie zwischen elektroschwacher und Farbkraft *(1)* sowie zwischen elektromagnetischer und schwacher Kraft *(2)* beim Urknall.
Aufgetragen sind die Temperatur *T* und die mittlere Energie pro Teilchen *E* gegen den zeitlichen Abstand *t* von der Singularität

ohne Überraschungen einsetzt, werden die Experimente an Superbeschleunigern der neunziger Jahre zeigen. Aus solchen Experimenten könnten sich also einschneidende Korrekturen für die heutigen GUTs ergeben.

4. Akt (10^{-11} – 10^{-9} s): Die zweite Symmetriebrechung

Bei etwa 10^{15} K (100 GeV pro Teilchen) spaltet die elektroschwache Kraft in elektromagnetische und schwache Kraft auf. W- und Z-Bosonen können von nun an nicht mehr frei erzeugt werden. Im Gegensatz zum ersten Phasenübergang (2. Akt) verläuft dieser Phasenübergang fließend (Abb. 30).
Jetzt gibt es vier separate Fundamentalkräfte: Gravitation, Farbkraft, elektromagnetische Kraft und schwache Kraft.

5. Akt (10^{-9}–10^{-3} s): Quark-Antiquark-Vernichtung und Baryonsynthese

Bei $t \approx 10^{-6}$ s sinkt die mittlere Energie der Teilchen unter 1 GeV. Nun setzt die in Kap. 21 beschriebene Vernichtungsschlacht zwischen Quarks und Antiquarks ein. Aufgrund des geringfügigen Quarküberschusses, der beim Zerfall der X-Bosonen entstanden ist, überleben einige Quarks diesen Prozeß. Es sind im wesentlichen die leichten u- und d-Quarks. Ihre schweren Brüder (s, c, b, t) sind schon vorher in u- und d-Quarks, Leptonen und Photonen zerfallen. Die Farbkräfte zwingen die verbleibenden Quarks zu Dreiergruppen zusammen: *uud* (Proton) oder *udd* (Neutron).[1] Dieser Prozeß ist nach Ablauf der ersten Millisekunde, nach 10^{-3} s also, abgeschlossen.
Aus welchen (freien) Teilchen besteht das Urplasma jetzt? In erster Linie aus den leichten Leptonen (e^+, e^-, Neutrinos, Antineutrinos) und Photonen. Protonen und Neutronen sind rund eine Milliarde (10^9) Mal seltener. Die mittlere Energie der Teilchen beträgt nur wenig mehr als 10 MeV, das entspricht 100 Milliarden (10^{11}) K.

[1] Möglicherweise findet die Dreiergruppierung auch *vor* der gegenseitigen Vernichtung hadronischer Materie statt. Dann würde die Vernichtungsschlacht zwischen Baryonen (p und n) und Antibaryonen ($\bar{p}$ und $\bar{n}$) ausgetragen. Das Resultat ist letzten Endes das gleiche wie in der im Text beschriebenen Variante.

6. Akt (10^{-3} – 10^2 s): Neutrino-Entkopplung, Elektron-Positron-Vernichtung und Heliumsynthese

Während dieses Zeitabschnitts kühlt das Universum auf einige 10^8 K ab. Das ist immer noch das Zehn- bis Hundertfache der Temperatur im Innern der Sterne.
Drei Prozesse kennzeichnen den 6. Akt.
a) Erstens dünnt das Urplasma durch die stetige Expansion so weit aus, daß die schwach wechselwirkenden Neutrinos (und Antineutrinos, die von nun an der Einfachheit halber nicht jedesmal getrennt erwähnt werden sollen) kaum noch mit anderen Teilchen auf Tuchfühlung kommen. Sie hören daher auf, mit der übrigen Materie in merklicher Wechselwirkung zu stehen. Man bezeichnet diesen Vorgang als *Entkopplung* der Neutrinos. Jedes einzelne der aus dem Urknall stammenden Neutrinos führt von nun an ein Eigenleben. Ganz gleich, was der Rest der Materie vollführt – ob er sich örtlich zu Galaxien und Sternen verdichtet, ob er Planeten formt oder gar Lebewesen hervorbringt –, die Neutrinos gehen ungestört durch all das hindurch und tragen selbst heute noch nur *eine*, durch nichts verwischte Information mit sich: die Information über den Zustand der Welt bei $t \approx 1$ s. Der experimentelle Nachweis dieser Reliktneutrinos wäre deshalb von größtem Interesse. Vorläufig ist allerdings nicht abzusehen, mit welchen Methoden er realisiert werden könnte.
b) Zweitens sinkt die mittlere Teilchenenergie unter 1 MeV, so daß in Teilchenstößen keine e^+e^--Paare mehr erzeugt werden können ($m_e = 0{,}511$ MeV/c^2). Jetzt beginnt, ebenso wie früher bei den Quarks, ein Vernichtungsprozeß zwischen Elektronen und Positronen. Da beim Zerfall der X-Bosonen nicht nur ein Quark-Überschuß, sondern auch ein ebenso großer Überschuß von Elektronen im Vergleich zu Positronen entstanden ist, überleben nur einige Elektronen dieses Massensterben. Es sind die Elektronen, die heute die Hüllen der Atome bilden.
c) Der dritte Prozeß, der dem 6. Akt sein Gepräge verleiht, ist ein Wettlauf der Neutronen mit der Zeit.
Das Neutron ist etwas schwerer als das Proton: 1,3 MeV/c^2 beträgt die Massendifferenz. Solange die mittlere Energie der Teilchen oberhalb einiger MeV (einige 10^{10} K) lag, spielte dieser Unterschied kaum eine Rolle. Das Gleichgewicht zwischen Protonen und Neutronen war ungestört, und Reaktionen wie

$$\nu_e + n \rightarrow p + e^- \qquad (6)$$

und deren Umkehrung

$$p + e^- \rightarrow \nu_e + n \qquad (7)$$

liefen gleich häufig ab.
Nun aber kühlt sich das Universum auf weniger als 1,3 MeV ab. Damit wird die Erzeugung von Neutronen entsprechend (7) energetisch immer unwahrscheinlicher und endlich ganz unmöglich. Von nun an kommen nur noch Prozesse vor, in denen Neutronen *verschwinden* – die Reaktion (6) etwa oder der simple Neutronzerfall ($n \rightarrow p + e^- + \bar{\nu}_e$).
Damit scheint das Schicksal der Neutronen besiegelt. Nach einiger Zeit müßten sie sich sämtlich in Protonen umgewandelt haben.
In Wirklichkeit gibt es jedoch eine Überlebensmöglichkeit für die Neutronen, und zwar im Innern von Atomkernen. Während freie Neutronen im Mittel nur 15 min leben, sind in Kernen gebundene Neutronen stabil. Andererseits können die Kerne selbst nur bei genügend niedrigen Temperaturen existieren. Nur dann werden sie nämlich nicht, kaum daß sie sich gebildet haben, in einem neuen Zusammenstoß gleich wieder auseinandergerissen.
Darum hängt jetzt alles davon ab, wie schnell das Universum expandiert und damit auch abkühlt. Nur bei genügend rascher Abkühlung haben die Neutronen eine Überlebenschance. Je schneller der Expansionsprozeß, um so mehr von ihnen überstehen bis zu ihrem Einbau in Deuteriumkerne. Die Deuteriumkerne bilden das Baumaterial für das äußerst stabile Helium-4.
Die Kernmaterie sollte folglich gegen Ende des 6. Aktes aus Heliumkernen (2 Protonen + 2 Neutronen) und Wasserstoffkernen (1 Proton) bestehen. Schwere Kerne werden erst eine Milliarde Jahre später im Sterninnern synthetisiert. Berechnungen im Rahmen des kosmologischen Standardmodells ergeben ein H:He-Verhältnis von etwa 74:25. Das ist genau das, was man auch experimentell – z. B. durch spektroskopische Untersuchungen von Sternen und heißen Gaswolken – festgestellt hat: Die kosmische Materie besteht zu etwa 74 % aus Wasserstoff, zu 25 % aus Helium und zu 1 % aus schwereren Elementen.
Das kosmische H:He-Verhältnis ist eine der wichtigsten experimentellen Stützen des Urknallmodells.

7. Akt ($5 \cdot 10^2$ s – $3 \cdot 10^5$ Jahre): Das Zeitalter des Lichts

300000 Jahre lang geschieht nun nichts Erwähnenswertes. Stetig dehnt sich das Universum aus. Das gigantische Ereignis des Urblitzes versinkt langsam in der Vergangenheit.

Das kosmische Inventar umfaßt während dieser Epoche die folgenden Objekte: Elektronen, Protonen, Heliumkerne, Photonen und Neutrinos. Die Neutrinos sind aufgrund ihrer geringen Wechselwirkungsrate schon längst aus dem thermodynamischen Gleichgewicht ausgekoppelt, während die anderen Teilchen sich durch laufende Zusammenstöße auf der gleichen, stetig sinkenden Temperatur halten. Elektronen, Protonen und Heliumkerne schwimmen in dem Meer der rund 10^9mal zahlreicheren Lichtteilchen wie in einem Wärmebad.
Am Ende des 7. Aktes hat sich das Weltall so weit abgekühlt, daß die Wasserstoff- und Heliumkerne sich mit Elektronen zu stabilen Atomen verbinden können. Atome sind elektrisch neutral. Da Photonen nur durch elektrisch *geladene* Objekte merklich beeinflußt werden, können sie sich jetzt ungestört im All ausbreiten. Sie entkoppeln von der übrigen Materie – ähnlich wie 300000 Jahre zuvor die Neutrinos. Von nun an führen die im Urknall geborenen Photonen ein Eigenleben. Das einzige, was ihnen in Zukunft widerfahren wird, ist ihre ständige Abkühlung durch die Expansion des Kosmos. Durch die allgemeine Expansion des Raumes dehnen sich nämlich auch die Wellenlängen der Photonen. Da sich entsprechend Formel 3, Kap. 6, die Energie eines Teilchens umgekehrt proportional zu seiner Wellenlänge verhält, sinkt also die Photonenergie und damit auch ihre „Temperatur" im Laufe der Zeit immer weiter ab.
Zwanzig Milliarden Jahre später werden zwei Radioastronomen, Angestellte der Bell Telephone Laboratories (USA), bei der Untersuchung der galaktischen Radiostrahlung diese inzwischen auf 3 Kelvin abgekühlten Photonen (die sog. *Hintergrundstrahlung*) nachweisen und damit einen weiteren experimentellen Beleg für die Richtigkeit des Urknallmodells erbringen.

8. und vorläufig letzter Akt ($> 10^6$ Jahre)

Es ist schwer, den gegenwärtig ablaufenden Teil des kosmischen Schauspiels mit einem Untertitel zu versehen, denn es ist ungewiß, wie er enden wird. Einigermaßen klar ist nur, was bis jetzt ($t \approx 2 \cdot 10^{10}$ Jahre) geschehen ist.
Einige Millionen Jahre nach dem Urknall entwickelten sich aus winzigen Dichteschwankungen, die während der Inflationsphase erzeugt worden waren, großräumige Strukturen. Die Schwerkraft bewirkte eine Zusammenballung der Materie in große Helium-Wasserstoff-Wolken, aus denen sich später die Galaxien

formten. Vor etwa 15 Milliarden Jahren verdichtete sich das kosmische Gas unter dem Einfluß der Schwerkraft an einigen Orten so stark, daß dort thermonukleare Prozesse ablaufen konnten: die ersten Sterne entstanden. Vor 4,6 Milliarden Jahren schließlich bildete sich aus dem interstellaren Staub und Gas in der Nähe des Sterns, den wir „Sonne" nennen, der Planet Erde ... .

Vom Standpunkt der Elementarteilchenphysik ist die bisherige Handlung des 8. Aktes nicht sonderlich fesselnd. Erst auf die Frage nach der *Zukunft* des Universums kann die Mikrophysik wieder mit außergewöhnlichen Antworten aufwarten.

Was die globale Entwicklung des Universums betrifft, so gibt es, wie in Kap. 20 erwähnt, zwei Möglichkeiten: Entweder die mittlere Dichte ϱ des Weltalls ist kleiner oder gleich der kritischen Dichte ϱ_k – dann wird das Universum auf ewig weiter expandieren; oder ϱ ist größer als ϱ_k – dann kommt die Fluchtbewegung der Galaxien irgendwann zum Stillstand, und das Universum beginnt, sich wieder zusammenzuziehen.

Die kritische Dichte ϱ_k beträgt etwa 10^{-29} g/cm³. Die Untersuchung der leuchtenden kosmischen Objekte (Sterne, helle Gaswolken) ergibt, gemittelt über das gesamte All einschließlich der riesigen intergalaktischen Räume, eine Massendichte von nur 10^{-31} g/cm³ – also nur 1 % der kritischen Dichte. Allerdings existieren auch nichtleuchtende Materieformen (dunkle Gaswolken etc.) im Kosmos. Schätzt man die Massendichte dieser dunklen Materie ab, so erhält man einen weiteren Beitrag von einigen 10^{-31} g/cm³.

Insgesamt ergibt sich also eine Massendichte von kaum $0{,}1\,\varrho_k$.

An dieser Stelle kommt die Elementarteilchenphysik ins Spiel. Wenn wir von Massendichte reden, dann meinen wir damit im allgemeinen die gemessene bzw. geschätzte Dichte der aus Kernen (Protonen und Neutronen) und Elektronen bestehenden Materie. Nun sind aber diese Teilchen ja nur die wenigen Überlebenden von Paarvernichtungsschlachten, die während des 5. bzw. 6. Aktes stattfanden. Im Vergleich zu den im Urknall „entkoppelten" Neutrinos und Photonen sind sie auf rund ein Milliardstel ausgedünnt. Anders gesagt: Es gibt grobgerechnet 10^9mal soviel Neutrinos bzw. Photonen wie Kernteilchen und Elektronen.

Photonen haben eine Ruhmasse von exakt Null. Neutrinos dagegen können im Rahmen der Konzepte der modernen Elementarteilchentheorie durchaus eine Masse besitzen, und einige GUT-Varianten *fordern* dies sogar. Da es eine Milliarde Mal soviel

Neutrinos wie Kernteilchen gibt, könnte auch eine sehr geringe Neutrinomasse zu einer beträchtlichen Erhöhung der Massendichte führen. Wenn beispielsweise das Ergebnis des Experiments von W. I. Ljubimow (siehe S. 36) durch andere Forschungsgruppen untermauert werden sollte und Neutrinos tatsächlich eine Ruhmasse von etwa 20 eV/c^2 hätten, dann wäre $\varrho \gtrsim 2\varrho_k$.
Die Masse des Universums ist also möglicherweise neutrinodominiert. Dadurch könnte das Weltall „geschlossen" sein und die Expansionsphase von einer Kontraktionsphase abgelöst werden. In umgekehrter Reihenfolge würden dann die Bilder des kosmischen Dramas noch einmal ablaufen, um schließlich mit einem „umgekehrten" Urknall zu enden.
Möglicherweise wird dieser Kollaps vor Erreichen einer unendlichen Dichte durch einen bislang unbekannten Mechanismus gestoppt, so daß das Universum „zurückprallt" und mit einem neuerlichen Urknall eine weitere Expansionsphase einleitet. Das Universum könnte also zwischen Phasen der Expansion und der Kontraktion *oszillieren*. Das Modell eines oszillierenden Universums ist mit vielen prinzipiellen Schwierigkeiten behaftet, hat aber andererseits die verlockende Eigenschaft, das Problem eines „Anfangs" der Welt zu umgehen.
Was geschieht, wenn die Neutrinomasse exakt Null und die kosmische Massendichte kleiner als die kritische Dichte ist?
Zunächst werden die Sterne ihren Brennstoff verbrauchen. Etwa 10^{14} Jahre nach dem Urknall wird fast aller Wasserstoff in Helium umgewandelt sein. Das Universum ist dann gut fünftausendmal so alt wie heute.
Das weitere Geschehen in dem nunmehr dunklen Kosmos hängt davon ab, ob die Vereinheitlichenden Theorien mit der Vorhersage des Protonzerfalls recht behalten oder nicht. Wenn die exotischen Mittlerteilchen der Urkraft, die X-Bosonen, wirklich existieren, dann werden sie mit kaum merklicher Geschwindigkeit ihr zähes Vernichtungswerk vollbringen. Unaufhörlich werden sie Quarks in Leptonen und Photonen verwandeln. So zerfallen nach und nach alle Protonen und Neutronen: die Urkraft, die einst die Geburtshelferin unseres heutigen, durch Kernmaterie dominierten Universums war, wird am Ende zu dessen Totengräber!
Über die prinzipielle Möglichkeit bzw. die Geschwindigkeit dieses Prozesses werden u. U. die Experimente zur Suche des Protonzerfalls Auskunft geben. Nehmen wir an, die Lebensdauer des Protons wird zu 10^{33} Jahren bestimmt. Dann dürften in 10^{34} Jahren praktisch alle Quarks ausgestorben sein. Der Kos-

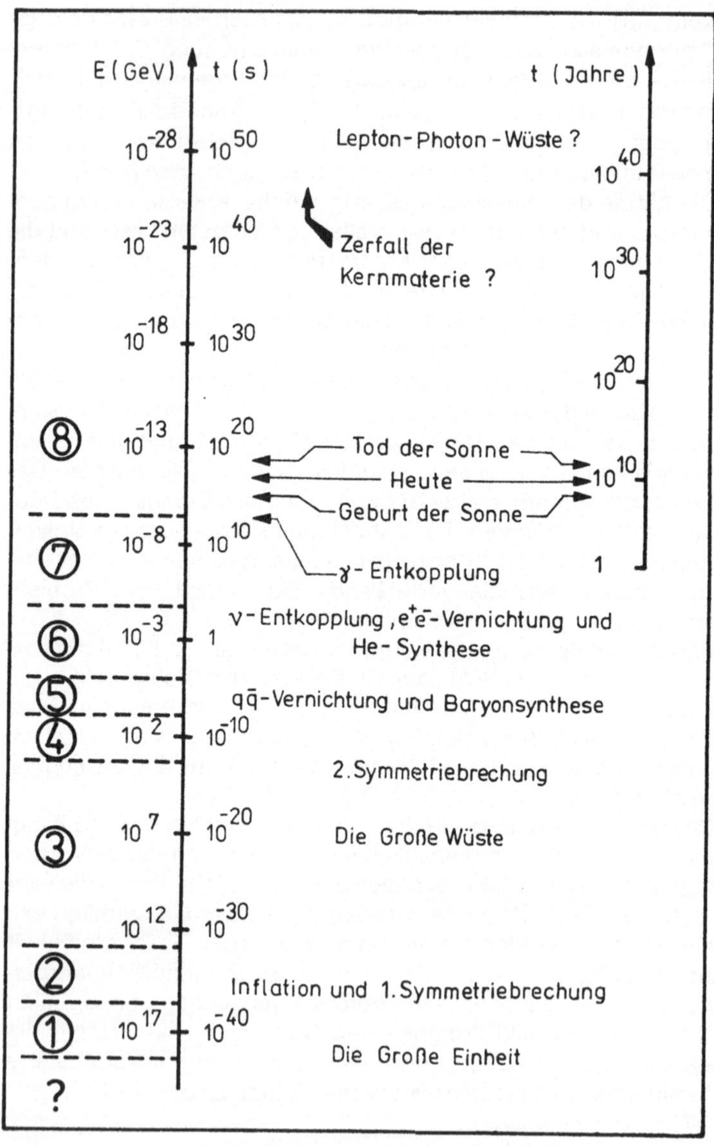

Abb. 31. Die Evolution des Universums (Erklärung siehe Text)

mos, dessen mittlere Temperatur inzwischen weit unter ein milliardstel Kelvin gesunken ist, wäre dann zu einer „Lepton-Photon-Wüste" entartet; Photonen, Neutrinos, Elektronen und Positronen bilden das Inventar dieser kalten, dunklen Welt.[1]
Gelegentlich trifft ein Elektron auf ein Positron, und beide zerstrahlen in ein Photon. So bleiben am Ende nur Photonen und Neutrinos übrig, um den letzten Akt bis in eine trostlose Ewigkeit zu dehnen.

23. Schlußbemerkung

„Vereinheitlichung" heißt der rote Faden, dem die Darstellung dieses Büchleins gefolgt ist. Phänomene, die auf den ersten Blick nichts miteinander zu tun zu haben scheinen, erwiesen sich dabei als miteinander verwandt. Abb. 32 illustriert den über Jahrhunderte reichenden Prozeß der Vereinigung unterschiedlicher Kräfte.
Schon im 17. Jahrhundert etablierte Isaak Newton die Gravitationskraft als die gemeinsame Basis von Erdmechanik und Himmelsmechanik. Um 1800 galten vier Kräfte als „Grundkräfte": Gravitation, Elektrizität, Magnetismus und die sog. Molekularkräfte. Unter der letzteren Bezeichnung lassen sich – zumindest vom heutigen Standpunkt aus – alle jene Kräfte zusammenfassen, die zwischen den Atomen und Molekülen als Ganzen wirken. In Kap. 13 hatten wir sie *inter*atomare Kräfte genannt.
Im letzten Drittel des vorigen Jahrhunderts hatte sich die Erkenntnis durchgesetzt, daß Magnetismus und Elektrizität zwei Erscheinungsformen ein und derselben Kraft sind, nämlich der elektromagnetischen Kraft. Die Erforschung der Atomstruktur führte zu einer weiteren Vereinfachung der Liste der Grundkräfte. Die kurzreichweitigen intermolekularen oder interatoma-

[1] Wir diskutierten hier nicht die Rolle der *Schwarzen Löcher*. Diese Objekte könnten bis zu 10^{100} Jahre leben, ehe sie mit einer Art Explosion enden. Die dabei freigesetzten Quarks erwartet das gleiche Schicksal wie die schon außerhalb der Schwarzen Löcher zerfallenen Quarks: sie wandeln sich in Photonen und Leptonen um.

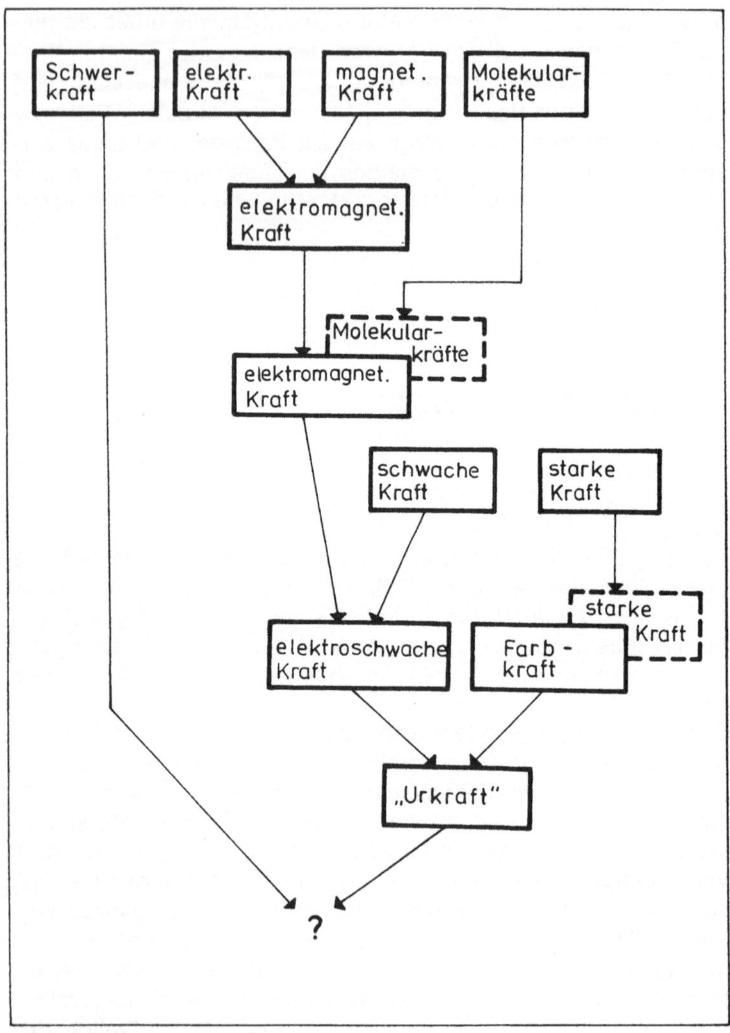

Abb. 32. Der Weg zur Urkraft

ren Wechselwirkungen ließen sich auf die elektromagnetischen Wechselwirkungen im Innern des Atoms zurückführen. Sie stellen nur den nach außen „schwappenden" Teil der Felder zwischen Atomkern und Hüllenelektronen dar.

Somit war die Anzahl der Grundkräfte von vier auf zwei geschrumpft. Dabei bleibt es allerdings nicht lange. In den dreißiger Jahren wurden die schwache und die starke Kraft entdeckt. So war die Liste der Fundamentalkräfte wieder auf vier angewachsen.

Ähnlich wie sich die kurzreichweitigen Molekularkräfte auf die langreichweitigen elektromagnetischen Felder zurückführen lassen, ist die starke Kraft nichts weiter als der nach außen wirksame Teil der im Innern der Hadronen wirkenden Farbkraft.

Im Rahmen der elektroschwachen Theorie von Weinberg, Salam und Glashow werden außerdem elektromagnetische und schwache Kraft vereinigt. Die Mittler der elektromagnetischen und der schwachen Kraft – Photonen sowie W- und Z-Bosonen – werden auf eine gemeinsame Stufe gestellt. Allerdings ist die Symmetrie zwischen diesen beiden Kräften bei Energien unter 100 GeV gebrochen und nicht ohne weiteres erkennbar.

Die Liste der verbleibenden drei Grundkräfte – elektroschwache Kraft, Farbkraft und Gravitationskraft – wird in den Großen Vereinheitlichenden Theorien der Elementarteilchenphysik durch Zusammenfassung der beiden erstgenannten Wechselwirkungen zu einer „Urkraft" weiter reduziert. Ob diese Urkraft mit der Gravitationskraft im Rahmen einer wirklich alle Phänomene der materiellen Welt umfassenden Theorie vereinigt werden kann, ist bislang noch offen. Immerhin werden aber schon die ersten tastenden Schritte auf dem Wege zu diesem Ziel unternommen, und die endgültige Vereinigung aller Kraftwirkungen ist inzwischen mehr als ein romantisches Wunschbild.

Ist damit die Physik „zu Ende"? Mit Sicherheit nicht, und zwar aus mehreren Gründen.

Zum einen würde man, selbst wenn man im Rahmen einer geschlossenen Theorie zu einer Art „Weltformel" gelangte, mit dieser Formel beileibe nicht alle Phänomene auch praktisch erfassen können. Warum?

Die Symmetrie zwischen schwacher und elektromagnetischer Kraft ist für räumliche Distanzen oberhalb von 10^{-17} cm gebrochen (das entspricht Energien von etwa 100 GeV). Die Verwandtschaft zwischen elektroschwacher und Farbkraft tritt erst unterhalb von 10^{-30} cm zutage. Eine alle Kräfte umfassende Weltformel ließe sich sogar nur für Abstände unter 10^{-34} cm formulieren. Unser Leben spielt sich dagegen über makroskopische Distanzen ab, im Bereich von Zentimetern, Metern oder Kilometern. Die Atomphysik behandelt Vorgänge im Bereich von 10^{-8} cm, die Kernphysik gilt für Größenordnungen von etwa 10^{-13} cm. Es wäre völlig unsinnig zu versuchen, die hochsymmetrischen Gesetze von 10^{-30} oder 10^{-34} cm in die äußerst

*un*symmetrische Welt von 10^{-13}cm oder darüber zu extrapolieren und für die Lösung konkreter Probleme in diesen Bereichen verwenden zu wollen. Die meisten Fragen der Kern- oder Atomphysik sowie der makroskopischen Physik werden auch in Zukunft durch das Zusammenspiel von entsprechenden Experimenten und den für diese Teilgebiete geschaffenen Einzeltheorien geklärt werden müssen.
Unpraktikabel wäre es beispielsweise auch, die Kernphysik durch die Quantenchromodynamik ersetzen zu wollen, d. h., die starke Kraft in jedem Fall auf das Wirken von Farbkräften zu reduzieren. Natürlich beschreiben die Gleichungen der QCD im Prinzip nicht nur das Verhalten von Quarks im Innern von Kernteilchen, sondern auch den Atomkern als Ganzes. Details der Atomkernstruktur aus den QCD-Gleichungen direkt abzuleiten wird aber auch in Zukunft ein Ausnahmefall bleiben. Bei der Erforschung der komplexen Systeme der Atomkerne werden die Methoden der Kernphysik jenen der Chromodynamik „praktisch" auch weiterhin überlegen sein.
Es sind aber auch grundsätzliche Zweifel in bezug auf eine wirklich umfassende, geschlossene Theorie anzumelden. Die Vorstellung, das Gebäude der Physik stünde kurz vor seiner endgültigen Vollendung und es seien nur noch zweitrangige Fragen innerhalb spezieller Teilgebiete zu klären, ist ja nicht neu. Dem jungen Max Planck etwa wurde mit eben dieser Begründung vor rund 100 Jahren davon abgeraten, ein Physikstudium aufzunehmen. Sehr zu unrecht, wie man weiß: ein Vierteljahrhundert später leitete nämlich Planck selbst mit seiner Strahlungsformel eine der einschneidendsten Umwälzungen in der Geschichte der Physik ein!
Sicherlich ist die Möglichkeit einer endgültigen Abrundung des physikalischen Weltbildes „nach unten" nicht auszuschließen. Eine solche Idee ist sogar äußerst verlockend. Die bisherige Erfahrung lehrt jedoch, daß sich derartige Vorstellungen immer wieder als trügerisch erwiesen haben. Eine winzige Nichtübereinstimmung zwischen Theorie und Experiment in der fünften Stelle nach dem Komma – und die ganze Theorie entpuppt sich lediglich als Grenzfall einer viel tieferen, umfassenderen Naturbeschreibung!
Was die Elementarteilchenphysik betrifft, so könnte die Entdekkung einer *Substruktur von Quarks und Leptonen* zu erheblichen Modifikationen des Bildes führen, das in der zweiten Hälfte dieses Büchleins gezeichnet wurde. Eine naheliegende Vermutung ist weiterhin, daß die *W- und Z-Bosonen zusammenge-*

setzte Objekte sind, ähnlich wie die Mittlerteilchen der starken Kraft, die π-Mesonen (siehe Kap. 17). Genauso, wie die starke Kraft als Folge der Farbkraft erscheint, könnte dann die schwache Kraft als Auswirkung einer fundamentaleren „Hyperfarbkraft" verstanden werden. Die Mittlerteilchen dieser Hyperfarbkraft wären, wie die Gluonen, masselos.

Bis zu Größenordnungen von 10^{-16} cm hinab erscheinen Quarks, Leptonen, W- und Z-Bosonen als punktförmige Objekte. Eine mögliche Substruktur ließe sich *eindeutig* nur an Beschleunigern nachweisen, deren Energie ausreicht, um noch kleinere Raumbereiche aufzulösen. Solche Beschleuniger werden ab 1989/90 zur Verfügung stehen (siehe Kap. 7, Tab. 1).

Wenden wir uns zum Schluß noch zwei Fragen zu, die bei vielen Lesern während der Lektüre dieses Büchleins aufgetaucht sein mögen.

Die erste Frage lautet: Ist das alles wirklich „wahr"? Entsprechen die Theorien, die Aussagen über so extreme, fernliegende Objekte wie Quarks, Leptonen oder das Universum als Ganzes machen, der Wirklichkeit?

Ob eine Aussage wahr ist, ob eine Sache „in Wirklichkeit" existiert, läßt sich durch die praktische (beobachtende, einwirkende und vergleichende) Auseinandersetzung mit dem zur Rede stehenden Gegenstand überprüfen. Das Beobachten bewerkstelligen wir im täglichen Leben im allgemeinen mit Hilfe unserer fünf Sinne. Wenn diese zum Erfassen des interessierenden Objektes nicht mehr ausreichen, kann man seinen Wahrnehmungsbereich durch Meßgeräte erweitern. Kaum daß man sich von seinen unmittelbaren sinnlichen Wahrnehmungen entfernt, betritt man allerdings eine Welt, die häufig gar nicht mehr vorstellbar ist. Das ist in bezug auf die Interpretation der Meßergebnisse kein unüberwindliches Hindernis, da der Mensch befähigt ist, auch solche Dinge zu begreifen und zu verstehen, die er sich nicht mehr direkt vorstellen kann – und zwar mit Hilfe von mathematischen Methoden und von Modellen. Ob die Gesetze, die sich aus einer Theorie oder einem Modell ergeben, „richtig" sind, d. h., ob sie das Verhalten des untersuchten Objektes korrekt vorhersagen, läßt sich anhand von Experimenten überprüfen. Die korrekte Vorhersage von Naturerscheinungen ist ein Kriterium für die Richtigkeit oder, wenn man so will, für die Wahrheit einer Theorie.

Natürlich ist diese Wahrheit relativ. Beschreibungen, die lange Zeit als vollständig galten, erwiesen sich meistens lediglich als Grenz- und Sonderfälle von umfassenderen Theorien. So ist die

Newtonsche Mechanik der für makroskopische Bedingungen gültige Grenzfall der weit „tieferen" Quantenmechanik. Die Newtonsche Naturbeschreibung ist eine für ihren Geltungsbereich durchaus adäquate, beileibe aber keine *endgültige* Theorie. Ähnliches ließe sich in bezug auf die Teiltheorien für die starken, schwachen und elektromagnetischen Wechselwirkungen sagen, die im Rahmen der GUTs auf noch tiefere Zusammenhänge zurückgeführt werden.
Ebensowenig, wie die von den Physikern gefundenen Formen der Naturbeschreibung endgültig sind, sind sie – zumindest während des Prozesses ihrer Entwicklung und Formierung – *eindeutig*. Es hat in der Geschichte der Physik mehrfach Situationen gegeben, in denen mehrere Theorien oder Modelle die experimentellen Daten gleich gut beschrieben und damit völlig äquivalent waren.
Obwohl man gelegentlich zwei oder gar noch mehr Beschreibungen als gleichwertig gelten lassen muß und obwohl selbst die einmal akzeptierten Theorien nicht endgültig und umfassend sind, bewegt man sich doch Schritt für Schritt auf eine „vollständige" Wahrheit zu. Allerdings ist dieser Annäherungsprozeß unendlich. Immer wieder wird unser Kenntnisstand Revisionen und Vertiefungen zu unterwerfen sein. Die von uns gefundenen Wahrheiten werden immer relativen, niemals absoluten Charakter tragen. Inwieweit eine der GUT-Varianten „wahr" in diesem relativen Sinne ist, können nur Experimente zeigen. Das größte GUT-„Experiment" war der Urknall; die aussagekräftigsten Experimente, die man gegenwärtig durchführen kann, sind die Projekte zum Nachweis des Protonzerfalls.
Die zweite Frage, die beim Lesen dieser Darstellung aufgetaucht sein mag, lautet: Wozu ist das alles gut? Wem nützt das?
Die Motivation der Elementarteilchenphysik ist, wie schon in der Einleitung bemerkt, nicht die Bereitstellung von unmittelbar anwendbaren Ergebnissen. Zwar hat die experimentelle Hochenergiephysik eine beträchtliche Menge an verwertbaren Nebeneffekten hervorgebracht. Elektronik, Rechentechnik, Vakuum- und Tieftemperaturtechnik haben von den Anforderungen, die beim Bau und Betrieb von Beschleunigern gestellt werden, äußerst fruchtbare Impulse erhalten. Vom Standpunkt der Elementarteilchenphysik sind das jedoch Abfallprodukte. Die Elementarteilchenphysik ist Grundlagenforschung oder besser: Erkundungsforschung im extremsten Sinne des Wortes. Das schließt nicht aus, daß einige ihrer Ergebnisse sich eines fernen Tages doch nutzbringend anwenden lassen werden. Zwar ist eine solche

Verwendbarkeit im Moment überhaupt nicht abzusehen, doch das besagt gar nichts. Auch Faraday ließ sich nicht träumen, daß seine Arbeiten die Grundlage einer technischen Revolution bilden würden, und Rutherford erklärte noch 1933 kategorisch, die Vorstellung einer praktischen Verwertbarkeit der Ergebnisse der Atomphysik sei unrealistisch!

Das eigentliche Verdienst der Elementarteilchenphysik liegt jedoch auf einem anderen Gebiet. Auf der Suche nach den kleinsten Teilchen und den fundamentalen Kräften hat man Entdekkungen gemacht, die unser *Weltbild* entscheidend beeinflussen. Die Einheit der Welt in ihrer Vielfalt, von Philosophen seit jeher postuliert, ist nun auch in bezug auf die entferntesten, extremsten Grenzbereiche auf eine naturwissenschaftliche Grundlage gestellt. Von den kurzreichweitigen Kernkräften bis zu den unendlich weit wirkenden elektromagnetischen Kräften, von den Quarks bis zum Kosmos, vom Urknall bis in unsere Zeit ziehen sich die Fäden, die die Vereinheitlichenden Theorien der Elementarteilchenphysik spannen.

Noch sind diese faszinierenden Erkenntnisse neu und ungewohnt, noch sind viele Einzelheiten der Vereinigung vage. Doch so, wie das Kopernikanische Weltbild längst unverzichtbarer Bestandteil des menschlichen Selbstverständnisses geworden ist, könnte auch das Panorama der Welt, das die Vereinheitlichenden Theorien entwerfen, eines Tages Allgemeingut werden.

Fachworterklärungen

Annihilation: Gegenseitige Vernichtung von Teilchen und Antiteilchen

asymptotische Freiheit: Schwächerwerden der Farbkräfte auf kurze Entfernungen. Dadurch verhalten sich Quarks bei kleinen Abständen annähernd wie freie Objekte.

Baryonen: Klasse der stark wechselwirkenden Teilchen mit halbzahligem Spin. Baryonen bestehen aus 3 Quarks. Die leichtesten Baryonen sind Proton und Neutron.

Baryonzahl: Gesamtzahl der in einem System vorhandenen Baryonen abzüglich der Zahl der Antibaryonen

Boson: Oberbegriff für Teilchen mit ganzzahligem Spin (0, 1, 2, ...)

CP-Verletzung: Unterschiedliches Verhalten zweier Prozesse, von denen der eine aus dem anderen durch gleichzeitige Ladungsumkehr (C-Operation) und Spiegelung (P-Operation) erhalten wird. Bisher nur beim K^0-Zerfall nachgewiesen.

Eichtheorien: Quantenfeldtheorien, mit deren Hilfe man gegenwärtig die schwache, elektromagnetische und starke Wechselwirkung beschreiben kann. Die Mittlerteilchen der Eichtheorien besitzen ganzzahligen Spin und werden *Eichbosonen* genannt.

Elektronenvolt (eV): Energiemenge, die ein Elektron bei Durchlaufen eines Spannungsgefälles von 1 Volt gewinnt. $1\,\text{eV} = 1{,}60219 \cdot 10^{-19}\,\text{J}$. $10^6\,\text{eV} = 1\,\text{MeV}$, $10^9\,\text{eV} = 1\,\text{GeV}$.

Farbkraft: Kraft, die die Quarks im Innern von Hadronen bindet und der starken Kraft zugrunde liegt. Wird durch die Quantenchromodynamik (QCD) beschrieben.

Fermion: Oberbegriff für Teilchen mit halbzahligem Spin ($\frac{1}{2}$, $\frac{3}{2}$, $\frac{5}{2}$, ...)

Feynman-Diagramm: Symbolische Darstellung von Elementarteilchenreaktionen. Schematische Grundlage für die Berechnung dieser Prozesse

Gamma-Quant (γ): siehe Photon

Gluon: Mittlerteilchen der Farbkraft

GUTs: Grand Unified Theories ≙ Große Vereinheitlichende Theorien. Die GUTs vereinen starke, schwache und elektromagnetische Wechselwirkungen und führen sie auf eine „Urkraft" zurück.

Hadronen: Gruppe der stark wechselwirkenden Teilchen. Hadronen mit halbzahligem Spin werden *Baryonen*, solche mit ganzzahligem Spin *Mesonen* genannt.

Halbwertszeit: Zeit, nach der 50 % einer Gesamtheit von Teilchen zerfallen ist. Siehe auch unter Lebensdauer.

Händigkeit: Gibt die Beziehung zwischen Spinvektor und Bewegungsrichtung eines Teilchens an. Rechtshändig: Spin- und Bewegungsrichtung stimmen überein. Linkshändig: Spinvektor entgegengesetzt der Bewegungsrichtung.

Kopplungskonstante: Maß für die Aktivität, mit der Ladungen (elektrische, schwache etc.) „ihre" Mittlerteilchen emittieren oder absorbieren. Die Kopplungskonstante der elektromagnetischen Wechselwirkung wird als Feinstrukturkonstante bezeichnet. Symbol: α (oder $\alpha_{e.m.}$). Betrag: 1/137,036.

Lebensdauer, mittlere: Mittelwert der Lebensdauer aller Teilchen einer Gesamtheit. Ist gleich dem 1,443fachen der Halbwertszeit.

Leptonen: Gruppe der *nicht* stark wechselwirkenden Teilchen mit halbzahligem Spin (z. B. das Elektron und die Neutrinos)

Lichtjahr: Strecke, die ein Lichtstrahl in einem Jahr zurücklegt ($9{,}46 \cdot 10^{12}$ km)

Mesonen: Klasse der stark wechselwirkenden Teilchen mit ganzzahligem Spin. Bestehen aus einem Quark und einem Antiquark. Die leichtesten Mesonen sind die Pionen.

Myon (μ): Zweitleichtestes geladenes Lepton

Neutrino (ν): Elektrisch neutrales Lepton. Existiert in 3 Ausführungen: ν_e, ν_μ und ν_τ (Elektron-, Myon- und Tau-Neutrino)

Nukleon: Kernteilchen. Oberbegriff für Proton und Neutron

Photon (γ): Das mit einer elektromagnetischen Welle verbundene Teilchen (Lichtteilchen). Virtuelle Photonen sind die Mittlerteilchen der elektromagnetischen Kraft.

Pion (π): Leichtestes Meson („π-Meson")

Positron: Antiteilchen des Elektrons

Quantenchromodynamik (QCD): Quantenfeldtheorie der Farbkraft. Die Eichbosonen (Mittlerteilchen) der QCD sind die Gluonen.

Quantenelektrodynamik (QED): Quantenfeldtheorie der elektromagnetischen Kraft. Das Eichboson der QED ist das Photon.

Quantenfeldtheorie: Quantentheoretischer Formalismus für Felder

Quarks: Bestandteile der Hadronen. Besitzen unganzzahlige elektrische Ladung

Singularität, kosmologische: Hypothetischer Zustand unendlicher Dichte, mit dem nach der Friedmannschen Theorie die Expansion des Universums begann

Symmetriebrechung: Physikalische Systeme, die durch eine in bezug auf gewisse Eigenschaften (z. B. die Masse ihrer Eichbosonen) symmetrische Theorie beschrieben werden, können unsymmetrische Lösungen aufweisen (z. B. Eichbosonen unterschiedlicher Masse). Man nennt dieses Phänomen spontane Symmetriebrechung. In den Eichtheorien wird sie durch Eigenschaften des Vakuums, z. B. durch Higgsfelder, bewirkt.

Spin: Eigendrehimpuls der Elementarteilchen. In Einheiten der Planckschen Konstanten $\hbar$ gemessen, ist der Spin auf ganzzahlige (Bosonen) und halbzahlige (Fermionen) Werte beschränkt.

Vakuumpolarisation: Polarisation der Wolke aus virtuellen Teilchen, die jede Ladung umgibt

virtuelles Teilchen: Teilchen, das seine Existenz einer kurzzeitigen Verletzung der Energiebilanz verdankt. Die Mittlerteilchen der Quantenfeldtheorien etwa sind virtuelle Teilchen.

W- und Z-Bosonen: Mittlerteilchen der schwachen Kraft

X-Boson: Superschweres Mittlerteilchen, das von den GUTs postuliert wird.

Literatur

Andere populärwissenschaftliche Darstellungen von Themen dieses Bandes sind in folgenden Büchern zu finden.

Zum Kraftbegriff:

Grigorjew, W. I.; Mjakischew, G. Ja.: Die Kräfte der Natur. Moskau: Verlag MIR, Leipzig: Urania-Verlag 1978.

Zu Quantenphysik und Elementarteilchen:

Ponomarjow, L. I.: Welle oder Teilchen. Moskau: Verlag MIR, Leipzig: Urania-Verlag 1974.

Lindner, H.: Das Bild der modernen Physik. 4. Aufl. Leipzig: Urania-Verlag 1983.

Spickermann, W.: Urknall, Quarks, Kernfusion. Leipzig: Urania-Verlag 1986.

Lanius, K.: Mikrokosmos – Makrokosmos. Leipzig: Urania-Verlag 1988.

Fritzsch, H.: Quarks. Urstoff unserer Welt. München/Zürich: Piper-Verlag 1981; München: Deutscher Taschenbuchverlag 1983.

Zur Kosmologie:

Weinberg, S.: Die ersten drei Minuten. München/Zürich: Piper-Verlag 1977; München: Deutscher Taschenbuchverlag 1980; Moskau: Energoisdat 1981 (in russ. Sprache).

Kirshnitz, D. A.; Linde A. D.: Phasenumwandlungen in der Welt der Elementarteilchen und in der Kosmologie (im Jahrbuch Wissenschaft und Menschheit 1982). Moskau: Verlag Snanije, Leipzig: Urania-Verlag 1982.

Nowikow, I. D.: Evolution des Universums. 2. Aufl. Moskau: Verlag MIR, Leipzig: Teubner-Verlag 1986.

Zu philosophischen Aspekten:

Röseberg, U.: Philosophie und Physik. Leipzig: Teubner-Verlag 1982.

Bildquellen

Prof. E.-E. Koch, Max-Planck-Gesellschaft, Berlin (West): Titelbild; Institut für Hochenergiephysik, Serpuchow: Abb. 6; Institut für Hochenergiephysik der AdW der DDR, Zeuthen: Abb. 8; CERN Courier 5/14 (1974): Abb. 10; Deutsches Elektronensynchrotron (DESY), Hamburg: Abb. 19; CERN, Genf: Abb. 22, 23 oben, 24 oben; Deutsches Museum, München: Abb. 23 unten; Institut für theoretische und experimentelle Physik (ITEP), Moskau: Abb. 28.

Sachverzeichnis